努力成为你想成为的人

闵桐◎著

中国纺织出版社有限公司

内 容 提 要

每个人的心里，都有一个对自己未来的设想，都有自己人生的榜样。有人说，这个世界正在犒赏积极改变的人，也在悄悄惩罚偷懒的人，任何人，只有努力、绝对的拼搏，只有义无反顾和持续努力，才能冲破迷茫，才能实现自己想要的人生。

本书针对当下正处于迷茫中的年轻人，告诉他们未来是一条未知的路，只有努力才能活成你想成为的人，并阐述努力的含义，帮助年轻人找到自己的定位，鼓励年轻人勇敢追梦、加倍努力，去追逐属于自己的生活。

图书在版编目（CIP）数据

努力成为你想成为的人 / 闵桐著. --北京：中国纺织出版社有限公司，2021.4（2025.3 重印）
ISBN 978-7-5180-8175-2

Ⅰ. ①努… Ⅱ. ①闵… Ⅲ. ①成功心理—青少年读物 Ⅳ. ①B848.4-49

中国版本图书馆CIP数据核字（2020）第220440号

责任编辑：江　飞　　责任校对：高　涵　　责任印制：储志伟

中国纺织出版社有限公司出版发行
地址：北京市朝阳区百子湾东里A407号楼　邮政编码：100124
销售电话：010—67004422　传真：010—87155801
http://www.c-textilep.com
中国纺织出版社天猫旗舰店
官方微博http://weibo.com/2119887771
三河市金兆印刷装订有限公司印刷　各地新华书店经销
2021年4月第1版　2025年3月第2次印刷
开本：880×1230　1/32　印张：7
字数：116千字　定价：69.80元

第1章

你可以平凡，却不可以平庸

生活中，我们每个人都是平凡的，可以说是行走在人潮中毫不起眼的路人甲。但是，我们可以平凡，却不可以平庸，即便平凡，一样需要奋斗的风姿，一样需要努力的步伐，这样我们才能让自己变得不平庸。

坦然接受无法改变的事实

即便世界坍塌，我们仍需要保持泰然心情。威廉·詹姆斯教授曾说："一个人要乐意接受已经形成的现实情况，因为接受现实是克服接连而来的一切糟糕情况的第一步。"事实上，不仅仅是詹姆斯教授这样想，林语堂在自己的畅销书《生活的艺术》中也阐述了同样的观点，他说："心理的宁静来自能接受困境，因为它可以释放心灵的能力。"

确实，宁静可以释放心灵的能力，只要我们接受最糟糕的情况，那我们就毫无损失，因为这意味着我们失去的所有都有机会找回来。毋庸置疑，这确实是源于生活的真理。

威廉年轻时在纽约的一家钢铁公司工作，他们公司能够安装一种瓦斯清洗器，主要用来清除空气中的杂质以保护机器的发动机，这种清洁空气的方法是十分先进的。在这之前，威廉也曾经安装过这种机器，但是，当他被公司安排去另外一个地方安装瓦斯清洗器的时候，却遇到一些困难。

当时，威廉好不容易安装好之后发现，机器虽然可以正常运转，不过其性能却没有达到预期的效果。这使得威廉备受打击，他意识到这样是解决不了问题的，他必须找到一种行之有效的方法。

他先是全面分析自己目前的处境，以及因失败而造成的最糟糕的情形，当然，自己不会因此而丧失性命或者进监狱，大不了就是损失老板购买机器的2万美元，而他则会丢掉工作。他在思考过最糟糕的情形之后，打算接受这个事实。他告诉自己，或许这次失败会成为事业中的一个低谷，甚至会因此被炒鱿鱼，不过即便失去了工作，他依然可以寻找到新的工作。至于老板，他有足够的能力投入新的资金，从而试验出一种新的清洁空气的方法，2万美元对于他来说没什么大不了。即便出现最糟糕的情况，自己也能接受。于是他绷紧的身心立即得到放松，心里有一种从未有过的平静。最后，威廉的心完全平静下来，可以更加清晰地思考如何来挽救这个还不算糟糕的情况。他开始积极思考，希望可以寻找到一种补救的办法，以减轻有可能造成的2万美元的损失。

经过几次测验，情况终于有了转机，威廉发现再安装一个价值5000美元的设备，就可以完全解决问题。事不宜迟，他马上去做，结果公司不仅没有损失那2万美元，还赚了1.5万美元。

最后，威廉先生说："如果我一直忧虑下去，那我就无法取得最后的成功。不过，只要我们做好最坏的打算，且从心里接受这个最糟糕的情况，你会发现大脑瞬间豁然开朗，若在这时集中精力思考，那就一定可以解决问题。尽管这件事已经过去很久，但我一直使用这个方法来缓解内心的忧虑，而且极具实用性。现在，我每天都过得很快乐，已经很难有烦恼在我身边驻足了。”

如何让自己变得成熟起来？看完这个故事，想必你已经找到有效的方法。是的，就是威廉所使用的方法。我们现在再来回忆一遍这个方法的三个步骤：首先，假设事情发展的最糟糕情况；其次，既然事情已经这样，那不如学会接受它；最后，既然接受了，不妨静下心来思考解决问题的有效方法。当然，关键在于，马上行动起来。

启示

在现实生活中，多少人为了突如其来的困难而毁了自己的生活，他们没办法接受最糟糕的情况，没有勇气去改变自己，去挣脱禁锢内心的魔鬼。他们的自我正在慢慢坍塌，却终日沉浸在过去的痛苦之中，最后，他们不仅没有找寻到自我，反而因忧虑成疾成为悲催的忧郁者。

生活都一样，不一样的是你如何选择生活

生活需要热情，那种平淡无味、死气沉沉的生活给人一种衰亡的感觉。上班族中很多人都是两点一线，朝九晚五，重复

着简单无聊的日子。等到有一天突然回头，你会发现自己已过而立之年，却依旧碌碌无为，只懂得生存，不知道何为快乐。这样的人未免被渲染得太过可悲，但由生存向生活过渡，很多人却实实在在用完了一生的时间。这个过程不可谓不漫长，其间的酸甜苦辣，不用深究，其味道已浸染他的四周。

每一天清晨的霞光下，在一个个忙碌的身影中，有你，有我。一天如此，一年如此，一生都会如此。谁对生活更拥有热情，更懂得品味和享受生活，无疑，他就更容易寻找到快乐的足迹。

威廉是一家餐厅的员工，他每天的工作就是不停地做很多相同的美食，看起来几乎没什么新意，不过他依然十分快乐，从来都是面带满怀善意的微笑，不会感到不耐烦，总是热情地迎接每一位顾客，工作以来一直如此。他无时无刻的快乐，感染了身边的同事以及顾客。有人忍不住问他：天天都做着一样的美食，你不会感到厌倦吗？你怎么还会如此热情满满？

威廉回答说，我每做出一道美食，就知道一定会有人因为它的美味而感到快乐，那我也就感受到我的作品带来的成功，这是多么美好的事情！我每天都会感谢上天给我这么好的一份工作。

由于威廉的快乐心情，这家餐厅的生意越来越好，名气也越来越大，最后终于传到餐厅公司总管的耳朵里，于是，威廉得到了总公司的一个重要职位。

对于一个普通人来说，即便你坚信自己才华横溢，但如果你缺乏热情，你也只能停留在表面功夫的作业上，做一天和尚撞一天钟，既享受不到工作带来的乐趣，也不会有任何升迁的机会光顾你。

生活中需要热情，快乐更是由丰富的个性点燃的。当你对生活全身心投入的时候，那份专注的热情会持久地温暖你的心，使你拥有燃烧着的快乐和付出后的满足。

台湾地区著名艺人杨林曾说：石头说自己的话，唱自己的歌；它生气时只有自己知道，兴奋时十分低调，做梦时不让你知道。由于怀着对生活积极热情的态度，她所倡导的观念不同于其他艺人。

杨林之前一直从事演艺事业，作为艺人，随便拍个广告，可能15分钟就可以赚10万台币，她一直过着衣食无忧的生活。不过，她后来毅然决定宣布挥别演艺生涯转行画画，身边的人感到不可思议。面对人们的哗然，她却一脸平和地说："我只是选择了一个让自己感到快乐、简单、自在的工作而已。"尽管演艺事业能够给她带来名誉和金钱，但在她看来，只要怀着热情画画，所得到的快乐将多得多。经纪人多次上门劝说，也被她一口回绝。杨林一直坚持以画画为生，她曾以"撒旦"来形容这种赚钱的快乐与奇妙。

在一次画展结束的时候，杨林微笑着对人说道：一幅画需要花费很大的时间和精力，可能需要几个月才能画好，成品最多也就卖个几万元台币，这收入远远比不上拍广告。但是，假如我选择接拍广告的话，一大早就要起来梳妆打扮，尽管我心情不那么好，我还要装出一副很高兴的样子，可能一转眼就有10万元台币，就可以随便买名牌、吃美食，看起来过得还不错……不过，其实我内心还是觉得空虚，这不是外人能看到的。

后来，杨林把自己的轿车卖掉了，而且说，如果未来求学的经费不够了，就连房子也会卖掉。她说："我很快乐，快乐就是做自己想做的事情。"

只有金钱才能缔造快乐，这在很多人的观念里已经根深蒂固。对于那些重视物欲享受的人来说，杨林是个不折不扣的傻子，然而她却是一个真真正正会享受快乐的"傻子"，是一个让自己的精神归属快乐的人。她深深地懂得：在短若朝露的人生岁月里，只有把真实的自我释放出来，才不会白白地、惨惨地辜负自己。

热情是快乐的秘方，是成功的催化剂。黑格尔有句名言："我们可以肯定地说，世界上的伟大事物都是靠热情来成就的。"一个精神萎靡不振的人绝对不会成为成功的人，一个怨天尤人的人也绝对不会获得快乐的体验。

启示

"问渠那得清如许？为有源头活水来。"如果你是一潭死水，就只能等着变臭、腐烂、干涸；如果你是一潭充满热情的活水，你就拥有了日新月异的动力，你就有了热情四射的活力，那时，你对快乐的理解和体验将获得前所未有的升华。

不能改变环境，就改变心境

既然人生归根结底是一场自我探索的旅程，何不坦然面对过程中的悲与喜呢？在这个世界上，没有糟糕的环境，只有糟糕的心境。一个人若拥有了糟糕的心境，不管处于多么顺利的环境中，他也会感觉到苦闷；一个人若是拥有一份热忱、乐观的心境，那么，不管他处于多么恶劣的环境，他依然可以过得快乐、幸福。

亚伯拉罕·林肯在一次竞选参议员失败后这样说道："此路艰辛而泥泞，我一只脚滑了一下，另一只脚也因而站不稳；但我缓口气，告诉自己'这不过是滑一跤，并不是死去而爬不起来'。"其实，阻碍我们前行的并不是糟糕的环境，而是我们内心那份早已经发霉的糟糕心境。拥有良好的心态，能够持之以恒地做下去，直到最后的成功，这样，我们就能够在糟糕的环境中坚定地走下去。

其实，那些心中充满抱怨的人，他们是自己跟自己较劲，既没有办法接受，又失去改变的能力，一定程度上来说，他们是可怜的。即使自己的处境再糟糕又怎么样，抱怨能改变什么呢？既然不能改变环境，何不改变自己的心境呢？

塞尔玛的丈夫是一位将军，他时常去沙漠参加军事演习，作为妻子的塞尔玛需要跟随丈夫驻扎在陆军基地里。沙漠的天气是非常干燥高热的，这让塞尔玛感到非常难受，身边都是一些不认识的人，时常感到孤独的塞尔玛只能写信把苦衷倾诉给父亲，她非常渴望回家。她以为这可以得到父亲的理解和支持，没想到却收到父亲只有两行字的回信：两个人从牢中的铁窗望出去，一个看到泥土，另一个却看到了星星。看到父亲的回信，塞尔玛有所领悟，自己不应该抱怨沙漠的孤独，而是应该在沙漠里寻找星星。

从这以后，塞尔玛改变心态，她慢慢地融入当地人的生活之中，偶尔会赠送一些礼品给他们，也会收到当地人送的特产。闲来无事的时候，她开始研究沙漠里的仙人掌、海螺壳。渐渐地，她喜欢上了沙漠，并通过自己的亲身经历，写了一本书名叫《快乐的城堡》。

沙漠并没有改变，当地的印第安人也没有改变，那么，到底是什么使塞尔玛的生活发生了巨大的变化呢？心态，当然是心态，以前有着糟糕心境的塞尔玛看到的只是泥土，当心态发生变化之后，乐观的塞尔玛在沙漠里寻找到了星星。塞尔玛的故事告诉我们：在这个世界上，根本没有糟糕的环境，有的只是糟糕的心境。

当你感到自己变得苦闷或烦躁的时候，不妨试着回想，自己那苦闷、烦躁的根源是否在于自己拥有了一份糟糕的心境呢？如果答案是肯定的，那么，尝试着改变自己的心态，放弃糟糕的心境，重新以乐观积极的心态面对，再来看待自己的处境，你会惊讶地发现，环境似乎并没有想象中那么糟糕。

乔丽是报社的一名记者，最近她接到一个特殊的采访任务。当拿到被采访者的资料后，她不禁有些难过，这是一个怎样的女人：丈夫早些年得重病去世了，欠下大笔的债务，家里有两个孩子，其中一个还带有残疾，女人只是在一家小型的工厂里当一名女工，微薄的薪水养着整个家，还需要还债。乔丽一下午都坐在家里，想着：她家里不知道是什么样子？女人和孩子都蒙头垢面、满脸悲苦，又黑又潮的小屋里没有一点鲜活的色彩，自己去了，也许只会不断地听到哭诉。

那个周末，乔丽满怀同情，按着地址找到那个女人居住的地方。她站在门口，有些不敢相信自己的眼睛，她甚至怀疑自己找错了地方，于是又向女主人核实了一遍。确认无误之后，她再开始重新打量这个家：整个屋子干干净净，有用纸做的漂亮门帘，墙上还贴着孩子上学获得的奖状，灶台上只放着油盐两种调味品，但却把罐子擦得干干净净，女人脸上的笑容就像她的房间一样明朗。乔丽坐在用报纸垫着的凳子上，热情的女人为她拿来了拖鞋，乔丽看见那鞋居然是用旧的解放鞋的鞋底做的，再用旧毛线织出带有美丽图案的鞋帮。

女人也一起坐下来，乔丽不禁有些好奇她是怎么把这个家打理得这样舒适的，女人一边干着活，一边微笑着说："家里的冰箱、洗衣机都是隔壁邻居淘汰下来送给我们的，其实也蛮好用的；工厂里的老板同事也都很照顾我，还会让我把饭菜带回来给孩子吃；孩子们也很懂事，做完了一天的功课还会帮忙干家务活……"

乔丽听着听着，眼睛有些湿润了，叹息道："虽然你所面临的环境是糟糕的，但是，你的心境却充满阳光。"这并不是同情，而是一种赞叹，赞叹女人的坚强，更赞叹女人的乐观。

可能在任何人看来，女工所处的环境都是相当糟糕的，但是，拥有积极乐观心态的女工却用自己微薄的薪水创造了一个干净而温馨的家。或许，在我们的生活中，常常会发生许多不如意的事情，不管我们接不接受，它都会如期而至。对我们而言，既然我们不能改变糟糕的环境，那么，我们就改变糟糕的心境。改变那些我们能改变的，接受那些不能改变的状况。

当你总是怀着乐观的心态去面对生活的时候，你会惊讶地发现，事情并没有想象的那么糟糕，无论多大的困难与挫折，都不足以毁灭我们心中的希望。只要心中有梦，希望就在，而我们会发现世界竟是那么美好，生活处处充满了阳光。

人生没有什么过不去的坎

叔本华说："不受激情感动的日常生活是冗长乏味的。一旦有了激情，生活中却又充满了苦痛。"毕竟平淡才是人生的常态，从容则是不变的心态，若盲目地追求激情，只会获得一个痛苦的人生。

如果说生活是一张色彩鲜艳的图画，你会发现图纸上给我们呈现最多的只是白色。是的，对于我们每个人来说，生活的常态就是平淡，不大悲大喜，保持淡定的从容，我们才能深刻地体会到生活的真切。许多人在生活中，既不够平淡，又不够从容，身边的同事晋升了职位，心中就腾起怒火；若是自己加薪了、升职了，则欣喜若狂。相反，如果失去了发财的机会，他们就会捶胸顿足。

事实上，淡定从容才是一种生活态度，更是一种心灵的至高境界。成功与失败只是生活中的一种际遇，对于我们来说，没有必要为了失败或成功而破坏心中那份幽静的心情，保持一种淡定从容的心态，毕竟，繁华落尽不过是一纸的苍凉，灯红酒绿之后不过是漆黑的夜晚。所以，怀着一颗淡定从容的心来面对生活的失意与得意，你会发现，生活的平淡是常态，而淡定从容则是不变的心态。

佛曰："一花一世界，一草一天堂，一叶一如来，一砂一极乐，一方一净土，一笑一尘缘，一念一清静。"这一切都是源于心境，不去计较生活的平淡，不为失败而生气、沮丧，一花一草便可以是整个世界，那份洒脱，那份豁达，那份心境是常人所不能具有的。人生道路上有鲜花、有掌声，有多少人能等闲视之；人生路上也有坎坷泥泞，有满地荆棘，又有多少人能以平常心视之。我们要学会坦然面对人生中的失意与得意，平复心绪，既来之、则安之，正所谓"宠辱不惊，闲看庭前花开花落；去留无意，漫随天外云卷云舒"。

陆文从小就有一个愿望，那就是长大以后做一名歌手。她利用闲暇时间，听歌、唱歌，父亲看到后忍不住骂道：唱歌能吃饱饭吗？成天没个正形，没学历没本事，你出去只有讨饭吃……她一边听着父亲的训斥，一边坚定内心的梦想。大学毕业后，陆文打算北上去找寻自己的梦想。她明知道这要被父亲嘲笑，于是便在某个夜里不辞而别，只留下一封书信。

北漂的陆文过着异常艰辛的生活，睡过公园的长椅，喝过水管的自来水，有时一天只吃一顿饭，但是她一边打工，一边搜寻着关于音乐的一切，自己写曲子，练习乐器，希望有一天能碰到机会。为了能吃饱饭，她什么都干，需要做什么就做什么，而且总是面带微笑。

后来，她白天在培训班教小朋友弹吉他，晚上在酒吧驻唱。那段时间，陆文非常辛苦，白天黑夜地折腾，收入也不算多，但她觉得非常充实，这才是自己想要的生活。

再后来，陆文开始在酒吧唱自己写的歌，慢慢地有了名气。辛苦的日子终于过去了，音乐制片人发掘了陆文这颗音乐种子，开始无偿为她策划专辑、宣传。如今，她已经是炙手可热的歌手。回想起以往的经历，陆文只是感叹："变化的是环境，不变的却是淡定从容的心态。"

当你怀着乐观、积极的心态，秉承着"知己为天所命，非虚生也"的信念，用豁达的心胸来面对人生中的成功与失败，你就会发现人生并没有那么可怕，没有什么过不去的坎，也没有什么是放不下的。

淡定从容是一种平和的心态，即便面对生命中的坎坷与不幸，也能以平和、不急不躁、不卑不怒的心态来面对，浅尝生命的酿酒，从而忘却心中的烦恼。

人的一生，总会面对得与失、升与沉、荣与辱、富贵与贫穷，这样一些迥然不同的遭遇。虽然，我们只是普通人，在这样一些遭遇下，心境有可能会起伏不定，但是，如果我们能够保持一颗平常心，抑制内心情绪的波动，那么，那些遭遇不过是过眼云烟。

淡定从容是一种生活态度，面对生活中的失意与得意，保持平和的心境，不以物喜、不以己悲，从容不迫的心境不会因为失意而大起大落。平静对待成功与失败，微笑面对荣辱，永远保持胜不骄、败不馁的心态，秉承着淡定从容的生活态度。

启示

在人生的旅途中，做好自己，即使失去了也不要过于沮丧、抱怨，即便获得了也不要太过兴奋。人生路上，不要有太多的患得患失，也不要太计较自己的得与失，以一份淡定从容的心态来迎接人生中的每一次挑战。这看似生命的无奈，实则是生命最绚丽的精彩。

幸福与痛苦是一对双胞胎

幸福是一种美好的感觉或享受，而痛苦则是人主观感受上的折磨。人的天性往往是努力追求幸福，而避免痛苦。然而，上帝总是成双成对地创造一切，它让幸福与痛苦也成为形影不离的好朋友，于是，幸福与痛苦之间形成了一种微妙关系。

从主观上讲，每个人都希望获得幸福而避免痛苦，但是，幸福的降临往往有痛苦的伴随，如此而诞生的幸福滋味才能令人难忘。

试想，如果你总是轻而易举地赢得幸福，你会体会到真切的幸福吗？所以，痛苦是幸福的代价，痛苦成为进入幸福之门，而且，在痛苦的穿插之后，我们的心会变得更加快乐。

《果核中的宇宙》的作者，科学大师霍金，为世人所推崇，不仅是因为他的智慧，还因为他是一位人生的斗士。

在一次学术报告会上，一位年轻的女记者跃上讲坛，问这位在轮椅上生活了30多年的科学巨匠："霍金先生，卢伽雷病将您永远地困在了轮椅上，您不认为命运让您失去得太多了吗？"霍金依然用他坦然的微笑面对这个尖锐的问题，他用自己还能活动的手指，艰难地叩击着键盘。不久，宽大的投影器上出现了这样醒目的几行字：

我的手指还能活动，

我的大脑还能思维，

我有终生追求的理想，

我有我爱和爱我的亲人与朋友，

对了，我还有一颗感恩的心……

短暂的安静之后，掌声雷动。人们纷纷涌向台前，向他表示由衷的敬意。

霍金先生在轮椅上度过了他人生的大部分时间，他用自己的智慧、乐观为自己的人生赢得了前后两位妻子，他用自己的坚强写下了许多不朽的物理著作。病魔困住了他的躯体，却并没有困住他自由而伟大的灵魂。他并非从来没有为失去感到过痛苦折磨，只是他更看重自己拥有的，更重视快乐，所以，他才有更卓越的人生。

痛苦常常来得无声无息，它考验你的毅力与坚韧，假如我们能顽强地与之抗争，逃离痛苦的阴影，重新给心以幸福的方向，那么，在痛苦之后，你的内心会更显幸福的光芒。痛苦并不可怕，只要内心能够找到快乐方向的人，幸福的钟声一定会被敲响。

总是有人问本·沙哈尔："你能帮我消除痛苦吗？"本·沙哈尔却感到不解：为什么要用这种态度来对待痛苦？他这样说道："痛苦，也是我们的人生经验，会让我们从中学到很多，人生的成长和飞跃，经常发生在你觉得非常痛苦的时刻。"当某些人觉得幸福的滋味太过于平淡，那么，在痛苦的偶尔穿插中，你是否感到幸福的心会更加快乐呢？

毫无疑问，幸福与痛苦就是上帝创造的一对双胞胎，它们无时无刻不游离在我们左右。幸福与痛苦来自同一源泉，一个人的客观条件不论有多好，当他与那些条件更好的人相比，就会产生痛苦；相反，一个人的客观条件不论有多坏，当他与那些条件更坏的人相比，就会感到幸福。

即使我们不与他人相比，有时候也会与自己相比：假如现在比过去好，我们就会感到幸福；假如过去比现在好，我们就会感到痛苦。当然，无论是幸福还是痛苦，我们都可以有所选择，主要取决于你的心态。例如，当痛苦来临的时候，所有的事情都很糟糕，但是你依然看到了事情美好的一面，那幸福将战胜痛苦。

启示

真实的幸福是痛苦与痛苦之间的间隙。我们总是渴望着快乐，但却只会带来失望与不满，最终导致内心负面情绪的产生。一个幸福的人，并不是拒绝痛苦的人，他也会有情绪上的起伏，但整体上能够保持一种积极的心理。由于经常被积极的心理引导，从而感染了快乐与幸福，故很少被负面情绪困扰。所以，在人生漫漫途中，快乐是常态，痛苦只是小插曲。

第2章

你只是看起来很努力

你看起来每天都很忙，却好像并没有做成什么事情，茫然而又毫无目的地活着。虽然表面上看起来很勤奋、很努力，但只是看起来而已。心无时无刻不在偷懒，忙得毫无价值、毫无意义。

通往成功的路总是曲折的

在漫漫人生道路上，有着这样或者那样的选择，小到升学，大到择业。是的，在我们的一生中，不知道面临了多少次选择，每一次选择都会带来不同的结果，有的成功了，有的却失败了。

什么样的选择决定着什么样的生活，什么样的目标决定着什么样的结果，每一次选择都是你将来生活的底片。所以，每一次选择都必须慎重，这样你才有可能为自己选择一个对的方向，促使着人生走向成功。

否则，你只会为你不负责任的选择而买单，那将是痛苦的失败。那么，认真审视，尽可能地把每一次机会都选对，这样你离成功就越来越近。

虽然，成功与失败并不是你能决定的，但是多多少少会与你的选择有关系。当你选择对了，那么你成功的概率就会大很多，事实上，在某些时候，选择会直接决定你的成败。

有人喜欢平坦的大道，有人喜欢曲折的小路，不过，在这里建议所有的人：当你迷失的时候，选择更艰辛的那条路。因为困难的路越走越容易，容易的路越走越难。

在安静的寺庙里，有一座木雕神像，它每天受着信徒的顶礼膜拜，享受着尊崇的地位和荣耀，还不断地接受虔诚施主的香火和供奉。但是，旁边的木鱼却没有这样的优厚待遇，它只能被放在神桌前，当和尚要进行早晚诵经的时候，就经受着不断的敲打。

在某一天夜里，受够了敲打的木鱼实在忍不住了，它向神像问道："我们都是来自同一块木头，为什么你可以享受供奉，而我却每天都要被和尚们敲打，我难过死了，为什么我们的命运会有这么大的差别呢？"神像笑了，它说道："其实，命运差别的原因就在于昨天的抗挫折能力和忍耐强度，它决定了今天成就的大小。当初，你不肯接受大师的雕刻，所以，现在你只能做一只小小的木鱼。我知道只有经过雕刻之苦才能成就未来，所以选择了接受大师的雕刻，终于把自己变成一尊受人敬仰的神像。这也难怪我们今天所受的待遇会有天壤之别了。"

即使是来自同一块木头，它们也有着不同的选择。因为木鱼忍受不了雕刻之苦，所以只能成为一只小小的木鱼，还要整日受人敲打；而另一块木头选择了更艰辛的路，所以铸就了自己的成功，成为人人敬仰的神像。所以，你是愿意当神像，还是愿意做木鱼，决定权完全在于你自己。人生也是一样的道理，即使是相同能力的两个人，不同的选择也会带来不同的结果。

人生中有许多次选择的机会，如果你想每一次选择都为自己带来成功，那么只有选对的而不选错的。一次正确的选择，对于一个人的一生来说都是很重要的，它就如同一把打开成功之门的钥匙，只有选择对了，你的人生才会获得莫大的成功。当然，也许你错了，也不是完全不能成功，只不过会多走一些弯路，多走一些错路，延迟了成功的到来。每天我们都面临很多的选择，每天也有许多困惑和烦恼，不知道该选择哪一条路，那么，不如选择艰辛的路吧。不论对与错，都要努力去做，则会变得更慎重、更认真，也会从中学到更多东西，更容易成功。

1973年，比尔·盖茨考进了哈佛大学，他和史蒂夫·鲍尔默成了好朋友。在哈佛的时候，盖茨为第一台微型计算机－MITS Altair开发了BASIC编程语言的一个版本。

在大学三年级的时候，盖茨毅然决定退学，离开了哈佛，并且把自己的全部精力投入他与孩童时代的好友Paul Allen在1975年创建的微软公司中。在计算机将成为每个家庭、每个办公室中最重要的工具这种信念的引导下，他们开始为个人计算机开发软件。盖茨的远见卓识以及他对个人计算机的先见之明促使了微软和软件产业的成功。

比尔·盖茨是一个天才，13岁开始编程，并预言自己将在

25岁成为百万富翁；他是一个商业奇才，独特的眼光使他总是能准确看到IT业的未来，独特的管理手段，使得不断壮大的微软能够保持活力；他的财富更是一个神话，39岁便成为世界首富，并连续13年登上福布斯榜首的位置，这个神话就像夜空中耀眼的烟花，刺痛了所有人的眼睛。

哈佛大学作为世界知名的首府之一，是无数求学者的梦想。而比尔·盖茨却选择了退学，这在当时看来，或许所有的人都认为他的选择是一个错误，但是，事实证明，他并没有选择错误，因为选择了更艰辛的路，尽管前面走得比较困难，但最后却越来越平坦。

每个人都要学会为自己做一个正确的选择，那样才会促使你成功。也许，有人会问什么样的选择才是对的？其实，这个问题并没有实质性的答案，你并不需要问什么样的选择才是对的，而是应该问如何来选择才是对的。

启示

人生总会遇到迷茫而不知道如何选择的时候，决定你能成为什么样的人，不是我们的能力，而是我们的选择。泥泞而又艰辛的路往往会留下清晰的脚印，所以，请不要在最能吃苦的时候选择安逸，为了到达终点，请付出别人难以企及的努力。

自觉努力向上，永不松懈

一匹再懒惰的马，只要身上有马蝇叮咬它，它就会精神抖擞，飞快地奔跑。这就是心理学中著名的马蝇效应，马蝇效应告诉我们，人需要适时地鞭策自己，方能使自己不断地前进，获得成功。一个人只有被叮着咬着，他才不敢松懈，才会努力拼搏，不断进步。

通常情况下，越是有能力的人越容易自负，因为内心有着强烈的优越感，如果任由这样的情况发展下去，他就会被自满吞噬，安于现状、不思进取。另外，有的人在遭遇一点点挫折后就松懈了，丧失了生活的希望，自暴自弃。其实，在这些时候，我们都需要利用马蝇效应来鞭策自己，赶走身上的自负与骄傲、畏惧与自卑，激励自己，勇往直前，迎接人生新的一天。

1860年美国大选结束后，林肯当选为总统，他当时任命参议员萨蒙·蔡思为财政部长。蔡思是一个非常有能力且有事业追求的人，不过他善嫉妒。本来蔡思想进白宫当总统，但林肯当了总统，于是他又想当国务卿，但西华德当了国务卿，蔡思只好坐第三把交椅，但他对此相当不满。有一天，巴恩看见蔡思从林肯的办公室出来，于是好心劝导林肯：“你不要将这个人选入内阁。”林肯问：“何出此言？”巴恩解释：“因为他

目录

前言

你看起来那么努力，却依然过得不如意。这是大部分人正面临的困惑、焦虑状态。

有的人每天很忙，但其实也“盲”和“茫”。没有目标的忙，就好像无头苍蝇一样，又盲目又茫然，忙的是状态，不是实质，所以忙起来并没有什么好的结果。因此，他们已经很久没有享受到成功的喜悦，很久没有因为自己的一点坚持和进步高兴了，很久没有为自己鼓掌了，很久没有发自内心地告诉别人自己的快乐了，很久没有被感动过了。你很努力，为什么却过得不如意?

这一切都源于你自己，源于你没有倾尽全力地去做得更好，你本来可以更努力一点，更认真一些，而你只是表面上看起来很努力。你完全可以更走心地努力，更认真地去做好手里的每一件事情。如果你只是疲于应付事情，没有真心地肯定自己，那这一切都只会让你更加焦虑。

努力永远是开在成功路上的鲜花，我们一旦确定计划，就需要去行动，或许在实现梦想的过程中，我们会走很多弯路，但人生就是一个体验的过程，是一个认识世界的过程，更是一个拼搏努力的过程。人生的每一天都是全新的，只有竭尽全力，才能不负光阴。有的人虽然有青春的年龄但心已经苍老，有的人面容苍老却有拼搏的心态。人生在什么时候开始努力都不晚，从现在就开始努力吧。

尽管你每一天都很拼命，做各种各样的事情，似乎没有一点儿自己的私人空间，每一天都拖着疲惫的身躯回家，晚上熬夜加班，但为什么结果却是不尽如人意呢？其实一切的一切，都因为你只是看起来很努力而已。要么是在假装努力，看起来是在认真做事，但一会儿不是玩手机就是跟人聊天，完全是漫不经心；要么就是努力的方向错了，尽管非常拼搏，但所获得的成果不是预期的效果。

作者

2020年10月

总认为自己比你伟大得多。”林肯又问：“哦，你还知道有谁认为自己比我还要伟大的？”巴恩回答：“不知道了，但是，你为什么这样问呢？”林肯回答说：“我要将他们全部收入我的内阁。”

后来，《纽约时报》的主编亨利·雷蒙特拜访林肯的时候，特地告诉林肯，蔡思正在狂热地上蹿下跳，准备谋求总统职位。林肯以自己特有的幽默方式告诉雷蒙特：“你不是在农村长大的吗？那么你一定知道什么是马蝇了。有一次，我和我的兄弟在肯塔基老家的一个农场犁玉米地，我吆马，他扶犁，这匹马很懒，但有一段时间它却在地里跑得飞快，连我这两条长腿都差点跟不上。到了地头，我发现有一只很大的马蝇叮在它身上，于是，我就把马蝇打落了。我的兄弟问我为什么要打掉它，我回答说，我不忍心让这匹马那样被咬，我的兄弟说：‘哎呀，正是这家伙才使马跑起来的嘛。’”讲完故事，林肯意味深长地说：“如果现在有一只叫‘总统欲’的马蝇正叮着蔡思先生，那么只要它能使蔡思不停地跑，我就不想去打落它。”

林肯所提出的“马蝇效应”被许多人运用到公司或企业的管理中去，然而，管理好自己才能有效地管理别人。在日常生活中，我们也需要利用好马蝇效应，适时鞭策自己，使自己努力向前。林肯以“欲求”叮着蔡思先生，其实，每个人对生活都有各种不同的欲求，有的人注重精神的东西，如荣誉、地位；有的人比较注重物质，如金钱。对于我们来说，最大的欲求就是梦想了，在人生的道路上，我们要以“梦想”这只马蝇来叮着自己、激励自己、让自己这匹“马儿”欢快地跑起来。

一天夜里，小偷潜入了谈迁的家里，但是，小偷发现谈迁家里空荡荡的，根本没有什么值钱的东西。正当小偷失望而归的时候，他一眼瞥见了屋子角落里有一个锁着的竹箱，小偷如获至宝，以为里面装着值钱的财物，于是就把竹箱偷走了。其实，那个竹箱里并没有什么值钱的东西，而是谈迁刚刚写好的《国榷》，对小偷来说，这东西一文不值，而对谈迁来说，却是珍贵的书稿。

20多年的心血化为乌有，这对谈迁来说，是一个致命的打击。他已经年过半百，两鬓花白，似乎无力坚持下去了。但是，谈迁没有放弃，他不断地鞭策自己：再写一本将会更精彩。在强大信念的支撑下，谈迁从痛苦中崛起，重新撰写那部史书。10年以后，又一部《国榷》诞生了，新写的《国榷》104卷，500万字，内容比之前的那部更精彩、翔实，谈迁也因而名垂青史。

小偷在无意之间做了那只“马蝇”，促使谈迁鞭策自己，重新撰写了《国榷》这部史书。或许，正是因为再一次的仔细撰写，使得《国権》更精彩，而谈迁也因此名声大振。生活有时候就是这样，或是有意无意之间影响自己，然而，只要不停止对自己的激励，我们永远都有再站起来的那一天，成功从来不曾离我们而去。

只要我们不断地提醒自己、激励自己，我们就像那匹被马蝇所叮的马儿一样，越跑越快，最终能够将心中的梦想变成现实。

启示

有时候，我们会满足于现状，不思进取；有时候，我们会自暴自弃，甚至破罐子破摔。但是，生活还要继续，我们停止前进的步伐是因为我们内心已经松懈、倦怠，所以，适时鞭策自己，不断地鼓励自己，前方就是成功之路。

人可以从挫折中变得强大

意志坚强的人认为世上无难事，越是遭受悲剧和打击，越是表现得坚强。一个拥有坚韧精神的人一定不会怀疑自己是否可能成功，也从来不惧怕失败，因为他有必胜的信心和坚韧的精神，只知道不断向前冲，不断向目标靠近。

谈及《哈里·波特》，想必每个人都能说上两句。但很少有人知道，这本书的作者J·K.罗琳是哈佛大学的荣誉博士。罗琳曾说："人们有一个共识：人可以从挫折中变得更聪明更强大。"这句话意味着人在挫折中对自己的生存能力会有更好的把握。

如果没有苦难来考验你，那么你从来都不会真正懂得自己，懂得你处理各种关系的力量有多大。在人生的道路上开创一番事业的人，他们都深深体会到挫折、苦难对人生的历练。但生活不相信眼泪，也不需要眼泪和抱怨，而需要付出汗水和坚韧。

一个女儿向做厨师的父亲抱怨她的生活，抱怨事事都那么艰难。她的父亲把她带进厨房。他先烧开三锅的水，然后往第一口锅里放些胡萝卜，往第二口锅里放一只鸡蛋，往最后一口锅里放入碾成粉末状的咖啡豆。他将它们浸入开水中煮，一句话也没有说。大约20分钟后，他把火关了，把胡萝卜捞出来放入一个碗内，把鸡蛋捞出来放入另一个碗内，又把咖啡舀到一个杯子里。做完这些后，他才转过身问女儿："孩子，你看见什么了？"

"胡萝卜、鸡蛋、咖啡"女儿回答。父亲让她靠近些并让她用手摸摸胡萝卜。她摸了摸，注意到它变软了。父亲又让女儿拿起鸡蛋并打破它。将壳剥掉后，她看到了是只煮熟的鸡蛋。最后，父亲让女儿喝了咖啡。品尝到香浓的咖啡，女儿笑了。她怯生生地问道："父亲，这意味着什么？"

父亲解释说，这三样东西面临同样的逆境——煮沸的开水，但其反应各不相同。胡萝卜入锅之前是强壮的、结实的，毫不示弱，但进入开水之后，它变软了，变弱了。鸡蛋原来是易碎的，它薄薄的外壳保护着它呈液体的内脏，但是经开水一煮，它的内脏变硬了。而咖啡豆则很独特，进入沸水之后，它们倒改变了水。“哪个是你呢？”父亲问女儿，“当逆境找上门来时，你该如何反应？你是胡萝卜，是鸡蛋，还是咖啡豆？”

一个人不可能做什么事都一帆风顺，困难和挫折是在所难免的。但是，我们绝不能在挫折面前被吓倒，而是要用理智面对它，冷静地找到战胜它的办法。心理承受能力差的人面对突如其来的挫折或是后退，或是消极抵抗。只有那些敢于挑战困难，能够审时度势，采取积极进取的态度面对挫折的人，才会成就一番事业。

成功者正是靠着坚忍不拔的品质，使自己从社会的底层走向成功。生活中，幸运只降临在那些具备坚韧精神，为最终胜利孜孜不倦地付出的人身上，而缺乏这种精神的人，哪怕成功近在咫尺，也只会与成功失之交臂。

启示

挫折是一条欺软怕硬的走狗，你越畏惧它，它越威吓你；你越不将它放在眼里，它越对你表示恭顺。坚强的人，即使是面对再多的失败和挫折也阻挡不了他前进的脚步。如果在连续多次跌倒之后，一个人还能充满斗志不言放弃，那他就是一个值得敬佩的人，也定是一个有所作为的人。

随时为自己鼓掌，激发向上的愿望

大屏幕上一次次的颁奖，令人心动不已，谁都想走一次红地毯，谁都想拥有触碰奖杯的荣誉，人生若是得此殊荣，自然是一种幸运、一种辉煌。但是，如此巨大的荣誉和成功却不是每个人都能得到的。生活中的我们如此平凡，但是，请不要忘记为自己加油喝彩。美国的一位心理学家曾说：“不会赞美自己的成功，人就激发不起向上的愿望。”随时为自己加油往往能带给自己欢乐和信心。当你的信心增强了，又会鼓励你获得更大的成就，与此同时，你的自信心将会进一步增强。

但在现实生活中，有的人对自己缺乏信心，他们总是期望得到别人的掌声。对于这样的人，一位成功者说：“别在乎别人对你的评价，否则，它们会成为你的包袱，我从不害怕得不到别人的喝彩，因为我会随时为自己鼓掌。”在人生的路途中，我们要保持思路清晰，随时为自己的壮志加油喝彩！

生活中有许多困难与挫折，面对这些，许多人总是不由自主地说“我不能……”在这样一种心理的影响下，他们不敢正视现实中的挑战，对自己缺乏信心，导致自己的潜力并没有得到充分的发挥。

有一天，贝勒夫人给学生带来了特别的一节课。开始上课了，贝勒夫人首先让学生们在纸上写出自己不能做到的事情，一个10岁的女孩子这样写道：“我无法完整地背出太长的课文”“我不会骑脚踏车”“我不知道怎样才能让别人喜欢我”……虽然她已经写了半张纸，却丝毫没有停下来的意思，仍认真地写着。贝勒夫人也忙着写自己不能做到的事情：“我不知道如何让孩子的家长都来”“我不知道怎样帮助玛丽提高她对数学的兴趣”，等等。过了10多分钟，许多学生都已经写满一张纸，有的学生打开了第二张纸。不过，贝勒夫人及时制止了这一行为：“同学们，写完一张就行了，不要再写了。”学生按着贝勒夫人的指示，把那些写满“不可能做到的事情”的纸对折，按顺序来到讲台，把纸放进一个空的鞋盒里。

等所有的纸条都放进去以后，贝勒夫人把自己的纸条也放了进去。她将盒子盖上，夹在腋下领着学生走出教室。路过杂物室的时候，贝勒夫人找了一把铁锹，领着学生来到运动场，她挑选了一个最边远的角落，开始挖坑。10分钟后，坑挖好了，贝勒夫人吩咐学生将那个鞋盒埋在“墓穴”里，贝勒夫人神情严肃地说：“孩子们，现在请你们手拉着手，低下头，我们准备默哀。朋友们，今天我很荣幸能够邀请到你们前来参加

‘我不能’先生的‘葬礼’，‘我不能’先生在世的时候，曾经与我们的生命朝夕相处……您的名字几乎每天都要出现在各种场合，当然，这对于我们来说是非常不幸的……我们更希望您的兄弟姊妹‘我可以’‘我愿意’‘我立即就去做’等能够继承您的事业……愿‘我不能’先生安息吧，也祝愿我们每一个人都能够振奋精神，勇往直前！阿门！”

接着，贝勒夫人带着学生回到教室，还举办了一个庆祝活动。贝勒夫人用纸剪成了一个墓碑，上面写着“我不能”，中间则写上“安息吧”，下面还标明了日期。贝勒夫人将这个墓碑挂在教室中，每当有学生无意中说“我不能”的时候，贝勒夫人就会指着这个墓碑，学生便会想起“我不能”先生已经死了，进而想出解决问题的办法。

永远不要让“不可能”禁锢自己的手脚，对自己要充满信心，随时为自己加油，勇敢地向前迈一步，坚持到底，那么，“不可能”就变成了“一切皆有可能”。不可否认，为自己加油是找回自信的最佳途径。不断地为自己加油，告诉自己“我一定能行”，通过肯定自己来不断地增强自己奋力向前的信心，从而获得成功。

无论是生活中还是工作中，我们都难免会遭遇坎坷、曲折、磨难，这时，我们会感到痛苦、迷茫，但是，这些都不是最可怕的，可怕的是自己先否定了自己，自己摧毁自己。

其实，许多人不能成功的原因在于缺乏自信，总是被“我不能”先生左右。所以，不妨试着把“我不能”埋在地下，相信自己，为自己加油鼓劲，用积极乐观的心态来面对一切，这样那些困难与挫折就会迎刃而解。

启示

所以，在关键时刻，更需要相信自己，为自己加油，要坚信命运的钥匙永远掌握在自己的手中。摔了跟头，应该立即爬起来，为自己鼓劲，为自己喊声“加油”；当我们取得一次小成就的时候，应该对自己说“我真棒”；当困难来临的时候，记得给自己打气，对自己说“我一定能行”。那些能为自己加油、喝彩的人，他们一定是生活中的强者。

无法突破的时候，首先选择吃苦

一个人如果不通过不断的磨砺来提升自己、完善自己，就会让自己的私欲、情欲膨胀，意志也变得软弱。一个人若是要想成就一番事业，那就必须不断地磨砺自己，除此之外，别无他法。俗话说：“吃得苦中苦，方为人上人。”对成功人士来说，任何苦难都不足以让他心灰意冷，相反更加能鼓舞士气，激发其一定要做成大事的欲望。

能吃苦的人，能够得到他所要的东西。吃苦即是成功之路，只有能吃苦才能转败为胜。对所有的人来说，希望和耐心是两剂有特效的自救药，也是人在患难中最可靠的依托和最柔软的依靠。确信无法突破的时候，首先要选择的是吃苦。

曾国藩刚开始办团练的时候，除了大量的湘军勇士，还有不少的绿营军，这使得曾国藩面临着更多的问题。而且，在操练中，曾国藩始终坚守 “吃得苦中苦”的原则，对将士们要求十分严格，风雨烈日，操练不休。这对于来自田间的乡勇来说，并不觉得太苦，但是，对于那些平日里只会喝酒、赌钱、抽鸦片的绿营兵来说，却像是“酷刑”。对此，绿营上上下下怨声载道，副将不到场操练，根本不把曾国藩放在眼里，甚至，对底下的士兵宣称：“大热天还要出来操练，这不是存心跟我们过不去吗？”曾国藩一方面忧心军队的操练，一方面还要应付绿营军的捣乱，日子过得十分辛苦。

其实，曾国藩在组建湘军之际，确实是吃了不少苦头。本身，组建军队就面临着一切困难，同时还要遭受绿营军的挑衅，那确实是一段异常辛苦的日子。而且，咸丰帝下令曾国藩办团练，由于当时朝廷战事甚紧，也没办法给军队军饷，曾国藩作为军队的创办者必须解决军饷问题。这一切困难，曾国藩都以坚忍的意志忍了过来，他明白“只有吃得苦中苦，方才能为人上人”。历史向我们证明了这一真理，在后来的历史中，湘军成为曾国藩的骄傲，也使得他成为镇压太平天国运动的最大功臣。

从前有两块石头，它们曾经是难兄难弟。后来，它们的命运却发生了很大的变化：一块被人雕成佛像，受到人们敬仰和膜拜；一块被铺在大殿地面上，没人理睬，经常被人踩在脚下。

铺在地面上的石头，就抱怨命运不公平。它说："咱俩本来都差不多，凭什么你受人尊敬，我受人踩踏呢？"另一块石头静默不语，过了一会儿，它缓缓说道："人家跪着膜拜我而踩着你，你可知其中的原因？我被雕成佛像，那是忍着千刀万剐的疼痛，被一刀一刀地雕成的，而你忍受不了身上一刀刀被挖被割的痛苦，所以你只能躺在地上，让千人踩、万人踏。"

经历过的苦难其实就是一笔财富，将来必定会等来成功的一天。的确，对于生活在现代社会的我们而言，苦难何尝不是一笔财富呢？在日常工作中，或许，我们每天都会遇到这样或那样的苦难，在短时期内，我们可能难以接受，也感觉自己跨越不了，但是，只要我们坚定意志、不畏困难，终会成大器。只要我们将苦难当成朋友，就一定能熬过去，最后成为"人上人"。

在工作中，在追求事业的过程中，苦难是不可避免的，有可能是降职，有可能是被炒鱿鱼，有可能是工作不顺利……面对这些苦难，每个人都有自己的选择，有的人选择抱怨，有的人选择自暴自弃，有的人选择隐忍、奋进。自然，不同的选择迎来了不同的人生。

启示

其实，很多时候，我们都忽视了苦难本身的意义。从古至今，那些大凡取得成就的人，他们无一不承认苦难是自己成功的基石。虽然，苦难让我们变得脆弱，但与此同时，却让我们变得聪慧。所以，学习曾国藩的官场哲学，忍受工作中的苦，不断地磨炼自己，终有一天，你也会成为人上人。

第3章

你的努力其实远远不够

有的人每天都觉得很累，以为自己很努力，其实那只是表面现象，只是在别人看来你很努力。这样，身边的人就会说：你看，他已经很努力，但依然不成功，只是他不聪明而已。事实上，你到底有多努力，只有你自己知道，比起别人的奋勇向前，你的努力其实远远不够。

没什么时间，因为一直在拼命

日本女作家吉本芭娜娜出版了40本小说和近30本随笔集，《鲤》杂志曾采访过她："许多女性生了小孩之后就没有闲暇时间了，您现在有了孩子，是如何抽出时间来写作呢？"吉本芭娜娜说："确实没什么时间，但是我一直在拼命。为了争取多一点的写作时间，每天我都在与时间赛跑，最夸张的时候，你能想象吗？我几乎是站着吃饭。"估计许多人看到这里会感到羞愧吧，他们总是感慨自己时间不够、事情做不完，却从来不去利用那些零碎的时间。

洛克菲勒就是一位对工作异常勤奋的人。一天24个小时中，他的工作时间一般都在十五六个小时，超过了一天的大半时间。而有的时候，他甚至可以一天工作十八九个小时。有人给他计算下来，他的一生中平均每周工作76个小时，只休息很短的时间。经常是别人已经下班了，他还在勤奋地工作。他常常对别人说："如果你什么都不想干，那一天工作8个小时就可以了，可是如果你想干点什么，那么当别人下班的时候，正是你工作的时候。"别人问他："你怎么能一天工作20个小时？"他却说："一天工作20个小时怎么可以，我需要一天工作48个小时。”当人们看到他的时候，他总是在不停地忙于工作。于是凡是认识他的人都说洛克菲勒只有睡觉和吃饭的时候不谈工作，其余时间他都是泡在工作里。这位世界级的大富翁就是这样紧张而勤奋地工作着的，所以他才取得了举世瞩目的成就。

从来不说时间不够，保持勤勉的态度，是洛克菲勒成功的秘诀。洛克菲勒之所以能够获得成功，就在于他始终如一地保持勤勉的态度，从来不以忙和没时间为借口。他的勤勉已经成为顽强的奋斗，在他的眼里，一天24小时已经不够用了，他希望能在一天内工作更长的时间。

只有勤勉的人才能够尝到胜利的果实，只有勤勉的人才能够得到命运的眷顾。所以，洛克菲勒用自己的实际行动证明了这样一个道理，如果你是一个做事勤勉的人，那么成功就已经离你不远了。

我们总会订下许多计划，看书、运动、旅行等，不过常常因没有时间而不得不放弃。难道你真的有那么忙吗？真相到底如何你心知肚明，别总以忙和没时间当借口，那不过是在为自己的懒惰找理由而已。你若坚持努力，一定会发光，因为时间是所向披靡的武器，聚沙成塔，将人生一切的不可能都变成可能。

美国职业篮球协会1994年至1995年赛季的最佳新秀杰森·基德，谈到自己成功的历程时说："我小时候，父亲常常带我去打保龄球。我打得不好，总是找借口解释为什么打不好，而不是去找原因。父亲就对我说'别再找借口了，这些不是理由，你保龄球打得不好是因为你总说没时间练习。'他说得对，现在我一发现自己的缺点便努力改正，绝不找借口搪塞。"达拉斯小牛队每次练完球人们总是看到有个球员在球场内奔跑不辍一小时，一再练习投篮，那就是杰森·基德，因为他是一个为成功寻找理由的人。

成功与失败看起来似乎有天壤之别，但促成它们形成的原因，或许就是一些小小的细节、小小的习惯，如常常为自己没有完成的事情寻找借口，而大部分的借口则是"我很忙""我没时间"。

失败是没有任何借口的，失败了就是失败了，我们在接受失败这个事实的同时，需要反省自己，而不是为失败寻找借口。

当然，成功并不是那么随随便便就能达到的，我们必须付出艰辛的努力。在成功的道路上，我们要不断为之寻找理由，那些坚持、付出的汗水与艰辛都可以铸就最后的成功。

人们关于自己的未来总会有很多规划，但当他们未能完成时总向别人推诿："我最近很忙，根本没有时间。"但是如果你想有所获得、有所成就，做哪一件事不会耗费时间呢？我们经常看到很多优秀的人，举手投足优雅，且写得一手好字，当你在羡慕对方的时候，是否想起对方为了培养仪态、练字又一个人度过了多少沉默时光呢？

忙和没时间是最烂的借口，因为每个人的时间都是公平的，之所以会抱怨没时间，不过是因为你在其他事情上浪费了时间。

启示

财经作家吴晓波说："每一件与众不同的绝世好东西，其实都是以无比寂寞的勤奋为前提的，要么是血，要么是汗，要么是大把大把的曼妙青春好时光。"如果你倾力付出自己的努力，那早晚会从量变到质变，你现在所走的每一个脚印，都会成为将来实现人生飞跃的跳板。

哪怕失败了，也可以重来

很多时候，我们都有自己的想法：希望自己将来能像松下幸之助一样成为获得巨大成功的实业家；希望进入自己梦寐以求的公司，谋得一个称心如意的职位；等等。但是，最终，有的人能够实现自己的愿望，走向成功的人生；而有的人却不管怎么努力就是达不到自己的理想，过着不幸福的日子。

约瑟夫·墨菲说："决定你命运的绝不是才能，更不是环境和外在条件，而是你的思考方式，即你的想法。"从现在起，想象自己成为什么样的人，让这种"心想"成为一种习惯，在潜意识强大的力量之下，自己真的会成为想象中的人。你想成为什么样的人，就努力去成为这样的人；你想成就什么事业，就马上去行动。

阿尔伯特·哈伯德出生于美国伊利诺伊州的布卢明顿，父亲既是农场主又是乡村医生。年轻时的哈伯德曾在巴夫洛公司上班，是一名很成功的肥皂销售商，但是，他却对此感到不满足。1892年，哈伯德放弃自己的事业进入了哈佛大学，但是没过多久他又辍学到英国徒步旅行。在旅行过程中，他创作了自传体丛书——《短暂的旅行》。

哈伯德回到美国，他试图找到一家出版社来出版《短暂的旅行》，但是，他没有找到任何一家出版社。于是，他决定自己来出版这套书，他创建了罗依科罗斯特出版社，哈伯德的书出版之后，他成为一个既高产又畅销的作家。随着出版社规模的不断扩大，人们纷纷慕名而来拜访哈伯德，最初游客会在出版社的四周住宿，但随着人越来越多，原有的住宿设施已经无法容纳更多的人了，哈伯德特地盖了一座旅馆，在装修旅馆时，哈伯德让工人做了一种简单的直线型家具，而这种家具受到了游客的喜欢，于是哈伯德开始了家具制造业。哈伯德公司的业务蒸蒸日上，同时，出版社出版了《菲士利人》和《兄弟》两份月刊，随后《致加西亚的信》的出版使哈伯德的影响力达到了顶峰。

有人说，阿尔伯特·哈伯德有着无比传奇的一生，他之所以能在多方面都获得成功，是因为他从来都是想做就做，不断地朝着自己的一个又一个目标努力奋进。阿尔伯特·哈伯德是一位坚强的个人主义者，一生坚持不懈、勤奋努力地工作着，成功对于他来说是理所当然的。在《致加西亚的信》中，阿尔伯特·哈伯德讲述了罗文送信这样的情节：“美国总统将一封写给加西亚的信交给了罗文，罗文接过信以后，并没有问：‘他在哪里？’而是立即出发。”犹豫、拖沓的生活态度，对许多人来说已经是一种常态，要想成为罗文这样的人，我们就应该马上去做，为什么不去做呢！

在麦克小学六年级的时候，由于考试得了第一名，老师送给他一本世界地图，麦克十分高兴，回到家就开始翻看这本世界地图。然而，很巧的是，那天正好轮到他为家人烧洗澡水，他一边烧水，一边在灶间看地图。突然，麦克看到了一张埃及的地图，原来埃及有金字塔、尼罗河、法老王，还有许多神秘的东西，他心想：我长大以后一定要去埃及。麦克正看得入神的时候，爸爸走过来了，他大声对麦克说：“你在干什么？”

麦克说："我在看地图。"爸爸跑过来给了他两个耳光，说："赶快生火！看什么埃及地图！"然后，爸爸又踢了他一脚，严肃地对麦克说："我给你保证！你这辈子绝不可能到那么遥远的地方！赶快生火！"

麦克呆住了，心想：爸爸怎么给我这么奇怪的保证，真的吗？难道我这辈子真的不能去埃及吗？20年后，麦克第一次出国就去埃及，朋友都问他："你到埃及去干什么？"麦克说："因为我的生命不要被保证。"麦克跑到了埃及，当他坐在金字塔的最前面，他买了张明信片写给爸爸："亲爱的爸爸，我现在在埃及的金字塔前面给你写信，记得小时候，你打我两个耳光、踢我一脚，保证我不能到这么远的地方来。"

人生的精彩源于梦想的精彩，你的行为决定你的成就的高度。其实，我们每个人都是自己命运的设计师，人生的道路该如何去走，向着什么方向去走，最终要达到什么样的目标……所有这些问题都应该是我们自己的立场，而不需要被别人保证。如果我们想去做事情，为什么不去呢？如果我们失去了尝试的勇气，那么一生也不会有什么大的作为。

启示

许多人总是说："我想做……"但他们总是停留在口头表达上，迟迟不肯行动，前怕狼后怕虎，又想去做，又担心失败，结果就是卡在那里。多年后，依然是平平庸庸，事业也不见起色。实际上，人因为有行动的资本，哪怕失败了也可以一切重来。如果我们总是犹豫不决，怕前怕后，那只会一事无成。所以，我们要珍惜自己的美好时光，想做就去做，为什么不呢？

做一个激情澎湃的冒险家

年轻常常与冒险为伍，年轻人，你是否有过冒险的经历呢？一些年轻人大学毕业后靠着家里的关系进了不错的单位，拿着一份不菲的薪水，每天过着毫无生机的平稳安逸的生活。尽管生命还有很长的一段路，但他们却早早地过着衣食无忧的生活。或许，这是上天的眷顾，然而，这也是上天的考验。太年轻就选择停滞不前，人生最终也不过如此。年轻人就应该富有冒险家般的精神，大胆创业，即使失败了也可以重来。

国内私营企业领军人物，新希望集团总裁刘永好，曾是四川省机械厅干部学校讲师。在他还没有创业时，他也是一个生活不很富裕的人，后来，他与几位兄弟相继辞去公职，卖掉自己的自行车、手表等一切值钱的东西，凑足1000元，到川西农村创业，办起良种场。

万事开头难，刘氏兄弟的第一笔生意差点就让良种场天折。当时，资阳市一个专业户向他们预订了10万只良种鸡。种种原因，对方后来只要了2万只，剩下的8万只鸡怎么办？打听到成都有市场后，他们连夜动手编竹筐，此后四兄弟每日凌晨4点就开始动身，先蹬3个小时自行车，赶到20千米以外的集市，再用土喇叭扯起嗓子叫卖。等几千只鸡卖完，拖着疲惫的身子蹬车回家时，早已是月朗星疏了。这样，十几天下来，四兄弟个个掉了十几斤肉，但所幸的是8万只鸡苗总算全脱手了。

回顾这段经历，刘永好说，为了创业我投下一切赌注，如果干不下去，我的公职、财产将一无所有，所以再苦再难，也要往前走。无论再艰辛，压力再大的事儿，只要沉下心来去做，这一关就总能挺过来。

我们应该给自己一片没有退路的悬崖，大胆创业。从某种意义上来说，也是给自己一个向生命高地发起冲锋的机会。当一个人面临后无退路的境地，他才会集中精力奋勇向前，从生活中争到属于自己的位置。

出路还没打探明白的时候，就先开始筹划退路，这势必会影响我们开拓新生活的冲劲，进三步退两步，很难有根本性的改变。

罗马纳·巴纽埃洛斯是美国第34任财政部长。但在当初，她只是一位贫穷的墨西哥姑娘，16岁就结婚，后来失去丈夫的支持，独自抚养两个儿子。但是，她那时就决心谋求一种令她自己及两个儿子感到体面和自豪的生活。于是，在梦想的支撑下，她口袋里装着7美元，带着两个儿子乘公共汽车来到洛杉矶寻求更好的发展。

最初她做洗碗的工作，后来找到什么活就做什么，拼命攒钱直到存了400美元，便和她的姨母共同经营玉米饼店，结果非常成功，并开了几家分店。后来，她经营的玉米饼店成为全美最大的墨西哥食品批发商，拥有员工300多人。

在经济上有了保障之后，巴纽埃洛斯便将精力转移到提高她美籍墨西哥同胞的地位上。她和许多朋友在东洛杉矶创建了“泛美国民银行”，这家银行主要是为美籍墨西哥人所居住的社区服务。如今，银行资产已增长到2200多万美元，但她的成功确实来之不易。

当初，有人告诫她说：“美籍墨西哥人不能创办自己的银行，你们没有资格创办一家银行，同时永远不会成功。”就连墨西哥人也说：“我们已经努力十几年，总是失败，你知道吗？墨西哥人不是银行家呀！”但是，她始终不放弃自己的梦想，努力不懈。

如今，这家银行取得伟大成功的故事在洛杉矶已经传为佳话，巴纽埃洛斯也成为美国第34任财政部长。

创业是一切成就的起点。只有确立了前进的梦想，人才会最大限度地发挥自己的潜力。人不仅仅要有梦想，更需要行动起来，只有在实现梦想的过程中，才能够检验出自己的创造性，调动沉睡在心中的那些优异、独特的品质，才能锻炼自己、造就自己。爱因斯坦曾说："想别人不敢想，你已经成功了一半。做别人不敢做的，你会成功另一半。"

成功是没有秘诀的，敢想敢做，给自己订一个创业目标，努力，全身心努力，总会有收获。

敢想可以使一个人的能力发挥到极致，也可能逼得一个人贡献出一切，排除人生道路上的所有障碍。

人千万不要抱怨自己运气不够好，因为唯有行动才能够改变自己的命运。行动就是力量，十个空洞的幻想不如一个实际行动。

启示

创业，最重要的就是勇敢尝试，敢于不计后果，不要过多地顾虑，想到什么要敢于马上去实践，哪怕有时需要承担一些风险，也要勇敢地去尝试创业。尝试就有可能取得成功，不敢去尝试，那就永远也尝试不到成功。

别总在犹豫不决中错失良机

从前有一头毛驴，它拥有两堆草料。它饿了，可是站在两堆草料中间，是去左边还是去右边呢？往左边走走……嗯，还是去吃右边的比较好；往右边走了几步……算了，还是去吃左边那堆好了。走走又回头，回头又走走，于是，这头幸运的、富有的毛驴，就这样在两堆草料中间活活地饿死了。这个故事当然有点夸张，可是，不要说人就不会做这样的傻事。

因为人比毛驴聪明，思考能力强，在前思后想中，更容易犹豫不决，失去机会。在生活中，有不少人做事思前想后，顾虑太多，结果在犹豫不决中丧失了绝佳的机会，也失去了改变人生的机会。

陈妮是一家艺术团的演员，她有一个梦想，就是两年后去北京做北漂，努力成为全国知名的演员。团长是一位年长的大姐，她在闲聊中对陈妮说："你今天去北京跟两年后去北京有什么差别？"陈妮仔细一想，说："是呀，两年后或许跟现在并没有什么不同。"于是，陈妮决定一年后去北京闯荡，团长感到不解："你现在去跟一年以后去有什么不同？"陈妮想了一会儿，对团长说："我决定下半年就出发。"团长紧紧追问："你下半年去跟今天去有什么不一样呢？"陈妮有点眩晕了，她决定下个月就去北京。团长继续追问："你一个月以后去跟今天去有什么不同？"陈妮激动不已，说："给我一个星期的时间准备一下，我就出发。"团长步步紧逼："所有的生活用品在北京都能买到，你一个星期以后去和今天去有什么差别？”陈妮激动地说：“好，我明天就去。”团长点点头：“我已经帮你预订了明天的机票。”

第二天，陈妮就飞往北京，开始正式的北漂生涯。在后来的两年时间里，她到处跑剧组，钻研演技，终于有机会在一部电视剧里演配角，没想到她感情真挚、惟妙惟肖的表演征服了观众，渐渐有了名气。

陈妮的梦想实现了，她成为一名演员。当然，她也很快就实现了自己的梦想，尽管之前的她是犹豫的，不过她依然抓住了时间——马上出发。在生活中许多追逐梦想的人，总是磨磨蹭蹭，前怕狼后怕虎，结果硬生生地耽误了时间，错失良机。

有一天，老鼠大王召集了许多鼠族成员开一次会议，大家围在一起商量如何对付猫吃老鼠的问题。老鼠大王抛出问题之后，老鼠们都积极发言，出主意，提建议，不过会议持续了很久，最终也没有找到一个可行的方法。

这时，一个平时被大家称为最聪明的老鼠说：“我们与猫多次作战的经验表明，猫的武功实在太高了，若是单打独斗，我们根本不是它的对手。我觉得对付它的唯一办法就是——预防。”大伙听了面面相觑，问道：“怎么防呢？”这个老鼠狡黠地说：“给猫的脖子上系上铃铛，这样，猫一走动铃铛就会响，听到铃声我们就躲藏到洞里，它就没有办法捉到我们了。”老鼠们听了都雀跃起来：“好办法，好办法，真是个绝妙的主意！”

老鼠大王听了这个办法以后，高兴得什么都忘记了，当即宣布举行大宴。可是，第二天酒醒了以后，觉得不对。于是，又召开紧急会议，并宣布说：“给猫系铃铛这个方案我批准，现在就落实到具体行动中。”一群老鼠激动不已：“说做就做，真好真好！”受到老鼠们的支持，鼠王问道：“那好，有谁愿意去完成这个艰巨而又伟大的任务呢？”会场里一片寂静，等了好久都没有回应。

于是，老鼠大王指着一个小老鼠命令道：“如果没有报名的，我就点名啦。小老鼠，你机灵，你去给猫系铃铛吧。”小老鼠一听，马上抖成一团，战战兢兢地说：“回大王，我年轻，没有经验，最好找个经验丰富的吧。”接着，老鼠大王又对年纪稍大的鼠宰相发出命令：“那么，最有经验的要数鼠宰相了，您去吧。”鼠宰相一听，吓坏了胆，马上哀求说：“哎呀呀，我这老眼昏花、腿脚不灵的，怎能担当得了如此重任呢？还是找个身强体壮的吧。”于是，老鼠大王派出了那个出主意的老鼠。这只老鼠哧溜一声逃离开会场，从此，再也没有出现过。最终，老鼠大王一直到死，也没有实现给猫系铃铛的夙愿。

目标是否可以实现，关键在于及时行动。在任何一个领域里，不努力去行动的人，就不会获得成功。正所谓“说一尺不如行一寸”，任何希望、任何计划最终必然要落实到具体的行动中才可能实现。只有及时行动才可以缩短与目标之间的距离，也只有行动才能将梦想变为现实。如果你只是心里想想，总是考虑其他的因素，而不去积极地行动，那只会后悔莫及。

启示

人生有三大憾事：遇良师不学，遇良友不交，遇良机不握。很多人把握不住机遇，不是因为他们没有条件、没有胆识，而是他们考虑得太多，在患得患失间，机遇的列车在你这一站停靠了几分钟，又向下一站行驶了。我们生活在一个激烈竞争的时代，很多机会本来就是稍纵即逝的。每每，在优柔寡断的人左思右想的时候，机会已经溜到别人手里，把他远远抛在了后面。

年轻时就要拼尽全力

年轻人，如果你不是富二代，挣钱又不多，那你拿什么来享受生活呢？趁着年轻，努力一把，而不是安于现状，这样你才有能力为高品质生活买单。生活充斥着酸甜苦辣，只有经历了苦辣之后，才能体会到生活的甘甜之味。

当然，努力并非说说而已，年轻人需要给自己制定目标，有一个良好的心态，努力学习，不断充电，对自己想做的事情有一种强烈的欲望。如果你无限渴望去做某件事情，那全世界都会给你正能量去实现。

年轻人正处于美好的年纪，你的选择不同，人生经历也就不同，有人选择安逸的生活，有人选择疯狂，在这美好的岁月里洒下汗水，种下希望，努力奋斗。

安东尼·拉马纳出生于意大利西西里岛的一个小村庄里，家里有10个兄弟姐妹，因此他不到12岁就到采石场干活了。不过，安东尼却不甘心自己的命运就是这样，于是他常常会利用休息的时间阅读有关西西里岛的历史和地理，并听老人们讲述岛屿的变迁。从书中，他看到了外面的世界与岛屿的差距，于是他在16岁那年，沿着山谷顺流而下，一直来到海边，随后跟着一艘货船来到了美国。

22岁那年，安东尼凭借自己不懈的努力，获得了梦寐以求的证书——一张石匠工会卡，不久他便被选去在林肯的纪念碑上雕刻林肯在葛底斯堡的演讲词。在雕刻演讲词时，他深深地被林肯的人生经历打动。他想：林肯这位生活艰辛，最后靠着学习改变命运的人，早年生活几乎跟自己一样，不过后来他却当上了律师，最后竟当上了总统，那么自己是不是也会有功成名就的一天呢？他突然之间做了一个决定，要成为一名律师。对此，朋友都笑话他：“你是林肯第二吧？安东尼，你看雕像看呆了。”

安东尼过去只在西西里岛的一所乡村小学读到五年级，想在华盛顿大学国家法律中心学习，这简直是痴人说梦，何况他每天还要在脚手架上连续工作10小时。但是他却没有退缩，一下班就去夜校补习英文，他的帆布兜里时刻都装着锤子、午饭和课本，他常常匆匆忙忙地吃过午饭便抓紧时间读书，甚至有时候一手拿着书，一手拿着两片玉米饼，中间夹着一块咸猪肉坐在木头上边吃边学习。

终于，功夫不负有心人，安东尼考入了法律学校，但是，因为第二次世界大战爆发，他只得离开美国去同法西斯作战。回国后，他在很短的时间里连续获得了法学学士和法学硕士的学位，后来，他一直在纽约和华盛顿担任律师，工作十分出色。

有人曾问安东尼：“读书、学习时，难道你不感觉到累吗？”他回答说：“那不可能，因为每个人都必须自己去发现动力，并自己为动力确定具体的含义。”不感觉到累，是因为相信自己一定能行。即便自己被朋友嘲笑，他也从来没动摇过努力的决心，正因为对自己有绝对的信心，安东尼才得以成功。

几十年前，在美国有一个十多岁的穷小子，他自小生长在贫民窟里，身体非常瘦弱，却立志长大后要做美国总统。如何实现这样的抱负呢？年纪轻轻的他，经过几天几夜的思索，拟订了这样一系列的连锁计划：

做美国总统首先要做美国州长——要竞选州长必须得到雄厚的财力支持——要获得财团的支持就一定得融入财团——要融入财团就需要娶一位豪门千金——要娶一位豪门千金就必须成为名人——成为名人的快速方法就是做电影明星——做电影明星前得练好身体，练出阳刚之气。

按照这样的思路，他开始步步为营。一天，当他看到著名的体操运动主席库尔后，他相信练健美操是强身健体的好办法，因而有了练健美操的兴趣。他开始刻苦而持之以恒地练习健美操，他渴望成为世界上最结实的男人。三年后，凭着发达的肌肉和健壮的体格，他成了一名健美先生。

在以后的几年中，他成了欧洲乃至世界健美先生。22岁时，他进入美国好莱坞。在好莱坞，他花了10年时间，利用自己在体育方面的成就，一心塑造坚强不屈、百折不挠的硬汉形象。终于，他在演艺界声名鹊起，当他的电影事业如日中天时，女友的家庭在他们相恋9年后，终于接纳了他这位“黑脸庄稼人”。他的女友就是赫赫有名的肯尼迪总统的侄女。

婚姻生活过了十几个春秋，他与太太生育了4个孩子，建立了一个“五好”家庭。2003年，57岁的他退出影坛，转而从政，并成功地竞选成为美国加州州长。

他就是阿诺德·施瓦辛格。他的经历告诉我们，目标要远大，经营自己的过程却要稳扎稳打，在一个台阶上站好了，再瞄准下一步。

志存远大，这是一直被我们推崇的。但是在现实中，仅仅努力还远远不够。就如阿诺德·施瓦辛格一样，如何开动脑筋，尽快突破小目标，实现大目标，才是年轻人最应该重点费心思考的问题。

总结阿诺德·施瓦辛格的成功经历，我们可以得出这样一句话：从大处着眼，从小处着手，化整为零地循序渐进。作为年轻人，谁都妄想自己能一步登天、一夕成名，一下子便成为亿万富翁。有目标、有憧憬是好事，但善于规划才是硬道理。

人生不息，奋斗不止，只要你还年轻，就大胆勇敢地向前冲，只要坚定信念，成功就会在眼前。年轻人，只要梦想还在，那就在美好的岁月里保持前进的脚步吧！

启示

年轻，没有理由不努力，与其在暮年擦拭悔恨的泪水，不如趁年轻努力一把。年轻人要敢想敢做，勇于付出，相信没有什么是做不到的，也没有什么能够难倒年轻的自己。

第4章

高质量的勤奋更能取得成功

现代社会，勤奋的人太多了，努力的人一大把，那么究竟谁能胜出呢？有的人只知道埋头苦干，不懂得表达自己；有的人不懂得思考、总结，缺乏有效的方法指导；有的人只看到当前工作，看不见长远目标。其实，高质量的勤奋更能取得成功。

永远做一个有想法的人

不管在什么时候，正确的想法都是解决问题的唯一途径。想法是大脑的活动，人的一切行为都受它的指导和支配。想法虽然看不见、摸不到，但它却真实地存在着。有什么样的想法，就会有什么样的命运。

在现实生活中，我们常听人说：“我一天到晚都很忙，忙得都没有时间去想。”然而，就是“没时间去想”这五个字，却成为成功与失败的分水岭。平庸的人只知道“埋头拉车”，而那些睿智的人却努力想出解决事情的最好方法。纵览名人的成败史，你会发现，所有伟人的成就在开始时都不过只是一个想法罢了。

有一位才华横溢的画家，早年在巴黎闯荡时一直默默无闻、一贫如洗，连一张画都卖不出去。因为巴黎画店的老板只寄卖名人的作品，年轻的画家根本没机会让自己的画进入画店出售。

但是，这一天，画店却来了一位顾客，热切地向老板询问有没有那位年轻画家的画。画店老板拿不出来，只能遗憾地看着顾客满脸失望地离去。

在此后的一个多月里，不断有顾客来店里询问年轻画家的事情，画店的老板开始为自己的过失感到后悔，多么渴望再次见到那位原来如此“有名”的画家。

就在老板十分焦急之时，这位年轻画家出现在画店老板的面前，他成功地拍卖了自己的作品，并因此一夜成名。

原来，当这位画家兜里只剩下十几枚银币时，他想出了一个聪明的方法：他用钱雇佣了几个大学生，让他们每天去巴黎的大小画店四处转悠，每人在临走的时候都要询问画店的老板：有没有这位画家的画？哪里可以买到他的画？

这个充满智慧的年轻画家便是毕加索。

金子不是在哪里都会发亮的，例如，当它还埋在沙土中的时候。同样，也不是每一位有才华的人就一定会飞黄腾达，当机遇没有来到的时候，怨天尤人也无济于事。这时，我们不妨学一学毕加索，动一动脑筋，想一个聪明的办法来创造自己的机遇。那么，成就说不定也就不期而至了。

这一天，日本松下公司准备从新招的三名员工中选出一位做市场策划，于是，公司例行对他们进行上岗前的“魔鬼训练”，予以考核。

公司将他们从东京送到广岛，让他们在那里生活一天，按最低标准给他们每人一天的生活费用2000日元，最后看他们谁剩的钱多。

第一位先生非常聪明，他用500日元买了一副墨镜，用剩下的钱买了一把二手吉他，来到广岛最繁华的地段——新干线售票大厅外的广场上，扮起了“盲人卖艺”。半天下来，他的大琴盒里已经是满满的钞票了。

第二位先生也非常聪明，他花500日元做了一个大箱子放在最繁华的广场上，箱子上写着：“将核武器赶出地球——纪念广岛灾难四十周年暨为加快广岛建设大募捐”。他用剩下的钱雇了两个中学生做现场讲演，还不到中午，他的大募捐箱就满了。

第三位先生像是个没头脑的家伙，或许他太累了，他做的第一件事是找了个小餐馆，要了一杯清酒、一份生鱼、一碗米饭，好好地吃了一顿，一下子就消费了1500日元。然后钻进一辆被废弃的丰田汽车里美美地睡了一觉……

广岛的人真不错，第一位先生和第二位先生的“生意”都异常红火，一天下来，他们对自己的聪明和不菲的收入暗自窃喜。谁知，傍晚时分，厄运降临到他们头上，一名佩戴胸卡和袖标、腰挎手枪的城市稽查人员出现在广场上。他摘掉了“盲人”的眼镜，摔碎了“盲人”的吉他；撕破了募捐人的箱子并赶走了他雇的学生，没收了他们的“财产”，收缴了他们的身份证，还扬言要以欺诈罪起诉他们……

当第一位先生和第二位先生想方设法借了点路费，狼狈不堪地返回松下公司时，比规定时间晚了一天。更让他们脸红的是，那个“稽查人员”已在公司恭候！原来，他就是那个在饭馆里吃饭、在汽车里睡觉的第三位先生，他的投资是用150日元做一个袖标、一枚胸卡，花350日元从一个拾垃圾的老人那儿买了一支旧玩具手枪和一把化装用的络腮胡子。当然，还有就是花1500日元吃了顿饭。

从上面这个案例中可以看出，在正式努力之前，拥有绝妙的想法是多么重要。有的人非常努力，但却收效甚微，他以为是天分的问题，却从来不思考是不是努力的方式出现了问题，即在努力之前，根本没有可行的想法就盲目努力，最终他当然无法达成既定目标。

启示

永远做有想法的人吧！没有做不到的，只有想不到的。对于敢“想”、会“想”的人来说，这个世界上不存在困难，只存在暂时还没想到的方法，然而方法终究是会想出来的。所以，对于有想法的人来说，一切困难都会止步于他们的脚下，而成功则会大步流星地向他们走来。

选对方向，轻松走向成功

对成功而言，努力很重要，方向更重要。方向走对了，哪怕走得慢一点，却能一步一步靠近成功；倘若走错了方向，不仅白忙一场，更可能离成功越来越远。人的一生有很多意外会发生，你无法控制它们，就像你不能掌控自己的生老病死一样。

于是有人说活着就要及时享乐，就要对得起自己；而有些人认为活着就要不断追求，不断收获，不断给自己树立目标，在每一次实现目标时，尽情享受其中的快乐。

通常我们把前者的态度说成消极，把后者赞为积极面对生活的人。拥有目标，从而奋力拼搏，这是成功最简单的模式之一。

但你是否明白，在你的生命中，在你前行的路上，不是每一条河都能顺利渡过，遇到过不了的河掉头而回，也是一种智慧。

但很多人在这种情况下，却只盯着眼前奔腾的河水发愁，而看不到河边的苹果树。真正的智者会放飞思想的风筝，摘下河边的“苹果”。

有一位印度学者对阿利·哈费特说：“如果你能得到拇指大小的钻石，就能买下附近所有土地；如果你能找到钻石矿，那么就能够让你儿子坐上王位了。”

从此，钻石的价值就深深烙进哈费特的心坎。

那天晚上，哈费特彻夜未眠，第二天一早便跑去找学者，问他到哪里才能找到钻石。学者发现他如此痴迷，便更改了谏言，希望打消哈费特的念头。但是，已经沉入妄想中的哈费特完全听不进去，死乞白赖地缠着学者，最后学者随口说："您要去很高很高的山里，寻找流着白沙的河，只要找得到白沙河，就一定找得到钻石。"于是，哈费特变卖了所有的家产，开始他的寻钻之路。但是，他找了许久，始终找不到宝藏，最后在西班牙的海边，投海死了。

几年后，有人买下哈费特的房子。有一天，新屋主正准备让骆驼饮水时，发现沙中竟然闪着奇特的光芒。他立即拿了工具去挖，不久便挖到一块闪闪发光的石头。他不知道这是什么，只觉得这个石头很漂亮，便将它放在炉架上。

又过了不久，那位印度学者来拜访这户人家，一进门，就发现炉架上那块闪闪发光的石头。学者惊奇道："这是钻石啊！是哈费特回来了？"新屋主说道："没有啊！哈费特并没有回来，这块石头是我在后院的小河边发现的。"学者怀疑地说："不！你在骗我。"于是，新屋主向学者说出他找到钻石的地方，两人便立刻来到小河边，开始挖掘。几分钟后，底下便露出一块更为亮丽的钻石，接着又陆续挖掘出许多的钻石。

后来献给维多利亚女王的那块钻石，也是出自这个地方，而且净重100克拉。

钻石就在自己后院的小河边，哈费特却盲目地到外面四处寻找，他的一切努力，都因方向的错误，而失去任何的意义。

有人说，成功是1%的灵感加上99%的汗水。这句话恰恰反映出这1%的灵感是最重要的，大部分的人只是寄托于自己的努力和勤奋而忽略了努力的方向，终其一生也是劳无所获。时间就这样匆匆逝去，生命也这样庸庸碌碌地消逝，而留下来的只是遗憾。事实上，朝着错误的方向前行，比原地踏步更可怕，因为你距离终点将会越来越远。

有两只蚂蚁，它们想翻越前面的一堵墙，去寻找食物。这堵墙长约百米，高近20米，但每隔10米就有一个小通道。其中一只蚂蚁想，自己身强力壮，凭着力气一定能翻过墙去。它铆足了劲儿往上攀爬，但每次爬到一半时都因为太累而跌落下来，不过它总是努力着，希望自己能爬上去。

另一只蚂蚁身子比较瘦弱，它觉得这样蛮干是不行的，它观察了一下整个墙体，终于发现这堵墙的秘密。于是它决定从通道过去，它很快就穿过这堵墙找到了美味的食物，开始享用。而另外那只蚂蚁还在勇敢地爬墙，不停地跌落又开始。

确实，有时愿望很重要，勇气很重要，毅力很重要，但方向更重要。在现实生活中，没有方向或走错方向的年轻人很多，他们坚信“天道酬勤”，但殊不知，这些成功之道必定是建立在一个基本前提之上，那就是正确的方向。事实上，确定方向比努力本身更重要，如果方向错误，那么再努力离成功也是越来越远。

清华大学校长曾送给毕业生一段话：“在未来的世界里，方向比努力重要，努力比知识重要，健康比成绩重要，生活比文凭重要，情商比智商重要。”有的人起点并不高，但因为他们选择了正确的职业发展方向，所以在短短几年之后他们的价值超过很多当初起点比他们高的人。

我们必须科学审视自身所处的环境，客观地评价自己的能力素质，正确地选择努力的方向，否则付出再多的努力也是白费。许多人从事着自己并不喜欢的职业，总是发出“我也很努力，不过就是做不到最好”的感慨。

其缘由并非是这些人不喜欢这份职业，而是这份工作并非是最适合他们的。如果希望能把一项工作做得得心应手，就需要选择正确的人生目标。如果走错了方向，就果断放弃，去寻找正确的人生方向吧！

启示

在这个世界上，条条大路通罗马，通往成功的道路有千万条。不过你需要记住：几乎所有的道路，都不是别人给的，而是你自己选择的结果。你选择什么样的道路，也就会拥有什么样的人生。从容思考，从速实行，方向永远比努力更重要。

优化时间观念，提高做事效率

时间观念的改变，会使一个人的生活更丰富、更充实，在管理时间、利用时间的过程中，你的做事效率必定也会有一个很大的提升。时间对于每一个人来说，都是无法挽留的，它就像东逝之水，一去不复返。

当一天结束时，时间不会留作明天待用。一个有所作为的人，必须学会有效地安排时间，有效地利用时间，更为重要的是优化自己的时间观念，提升自己的做事效率。

萧伯纳曾说："世界上只有两种物质：高效率和低效率；世界上只有两种人：高效率的人和低效率的人。"如果你不想做一个低效率的人，你就需要获得比别人更多的知识、方法和思维。只有找到世界上最有效率的方法时，你才能赢得世界的尊重和梦寐以求的财富。

高效率意味着高投入，没有投入就没有产出，低投入只能带来低产出。对大脑的投资是一种决定命运的投资，只能以最大最优先的投入对待。对大脑的投资也是一种产生最大效率和最大收益的投资，永远不会亏本。明白了这个道理，你才能拥有正确的时间观念，才会有获得财富和社会地位的能力，才能获得比别人更高的效率，才能跑在赛道的最前面。

诺斯古德·帕金森是英国著名的历史学家，他在分析为何

“大型组织大而无当，毫无生气”时，指出：“事情增加是为了填满完成工作所剩的多余时间。”这个定律告诉我们，工作效率低，是因为我们给了这个工作太多的时间。

帕金森描述了一位老太太花一整天时间，寄一张明信片给她侄女的过程：花一个小时找那张明信片；花一个小时找眼镜；花半个小时查地址；花一个半小时写明信片；用20分钟考虑寄信时要不要带伞。就这样，一件只需花3分钟就能干完的事情，却让她花了一整天时间才干完，并且犹豫不决，疲惫不堪。

帕金森得出结论：“做一份工作所需要的资源，与工作本身并没有太大的关系，一件事情膨胀出来的重要性和复杂性，与完成这件事花的时间成正比。”换句话说，给自己很多时间做一件事，不一定能提高工作的效率。时间多反而越容易使人懒散，缺乏动力，效率低。一个学生平均成绩一直较低，家长只好让他修学分最低的功课，儿童心理学家却建议这个学生多修一些课。结果出乎大家意料，这个学生多修课后，功课成绩不降反升。事实上，这个学生要做的就是打起精神，提高学习效率。

我们常说，观念决定思路，思路决定出路。对待一件事情，一堆事情，一天的事情，甚至是更为长远的规划，能做到像帕金森那样对利用时间、提高效率有如此清晰的认识，你投资大脑的工作就取得了卓越的成效，你将取得可喜的转变。

一些成功的企业家告诫人们，有什么样的思想观念，就有什么样的工作效果。不断地更新观念，不断分析自己、认识自己、提高自己，才能改变不执行和浪费时间的不良习惯，从而提高整个企业的运转效率，自动自发地做好本职工作。

在这个世界上，做同一种工作的人不计其数，做同一种工作的方法更是数不胜数，其中不乏效率高的方法。这就需要自己去寻找、去借鉴。在这个追求高效率的社会，抓不住效率的绳索，就会被高效率的机器甩出十万八千里。没有效率意味着死亡，不投资大脑也就意味着没有效率。

提高做事效率，其中重要的一项是提高执行力。要提高执行力就要做到加强学习、更新观念。日常工作中，我们在执行某项任务时，总会遇到一些问题。而对待问题有两种选择，一种是不怕问题，想方设法解决问题，千方百计消灭问题，结果是圆满完成任务；一种是面对问题，一筹莫展，不思进取，结果是问题依然存在，任务也不会完成。反思对待问题的两种选择和两种结果，我们会不由自主地问，同是一项工作，为什么有的人能够做得很好，有的人却做不到呢？关键是思想观念的认识和对待时间的态度。

成功的优势是：知识和能力上很小的一点差距就能够带来迥然不同的结果。其中，对于时间观念的正确认识，对于做事效率的掌控是人与人之间能力和知识差别的重点。

启 示

投资大脑，为未来准备知识，知识和经验能使你在新的形势中迅速找出规律，你找出的规律越多，你的效率提升越快，你在各种情况下做出抉择、采取行动的速度就越快，你的时间也就节省得越多，这就会使你迅速走入成功者的行列。

适时停止是为了更好地前进

只会向前猛冲，而不懂得减速缓行的人，在人生的某个弯道处，一定会冲出跑道，损失更多。生命只有两种状态：运动和停止。处于生活压力下的人每日都在拼命地劳作，虽然双休日能够在家小睡个懒觉，但恐怕心也不会那么坦然。

用持之以恒的精神拼搏、奋斗是我们必须具备的一种品质，但并不意味着要一刻不停地奔波与忙碌。适可而止，会休息才会成长。

停止是一种总结，是对过往的一种评价和分析。只懂得埋头向前，一味向目标奔波，也许你已经走在丢了西瓜捡芝麻的道路上。

懂得减速和停止，是人生的一种境界。一味地追求高速度和高效益，也许并不能达到预期的目标，反而会适得其反，用了多大的冲劲，就能招致多大的损伤。

这是必然的，或许就是因为有了喘息的机会，才有足够的体力进行下一步的飞跃。有过登山经历的人也许会有这样的体会，山很高，需要分好多阶段才能登顶，最关键的其实就是在中途，一旦停不下来休息，那么就必然在最接近终点的时候落下。

大多数人看到雪时都会兴奋，走入滑雪场，开始滑雪时，人们最大的体会就是感受速度带来的刺激，但紧接着的一个问题就是如何更安稳地停止滑行。刚开始学滑雪的时候你没有请教练，看着别人滑雪，觉得很容易，不就是从山顶滑到山下吗？于是你穿上滑雪板，哧溜一下就滑下去了，结果你从山顶滑到山下，实际上是滚到山下，摔了很多个跟头。你发现自己根本就不知道怎么停止、怎么保持平衡。最后你反复练习怎么在雪地上、斜坡上停下来。练了一个星期，你终于学会在坡上停止、滑行、再停止。这个时候你就发现自己会滑雪了，就敢从山顶高速地往山坡下冲。因为你知道只要你想停，一转身就能停下来。只要你能停下来，你就不会撞上树、撞上石头、撞上人，你就不会出事故。因此，只有知道如何停止的人，才知道如何高速前进。

停止，并不意味着停滞不前、没有了目标与方向，这仅仅是你短暂的休息调整。学会停止不是意味着永远止步，而是积攒后劲以便更好地前进。学会停止也是一门艺术，当你学高飞时，你要不时回头看一眼，知道什么是你需要继续学习的东西。

生活犹如爬山，你的周围是群山峰峦，有上坡就有下破，上坡容易下坡难，这是众所周知的道理。上坡大家都会一鼓作气地向前冲，或许中间不需要停下，但下坡就不是，如果你不懂得如何停止，那么你很可能摔得头破血流。

即使平地亦是如此。平地的时候你就更需要停止，因为你看不清楚前面的方向，你更需要适时地停下，或休息调整或稳定前行，这是必须的。

在一段时间停下来适时总结，你可以储备有用的信息，不至于在忙忙碌碌中，让工作和生活没有重点，晕头转向。在总结中，你会看到自己工作和学习中的得失，评价方法选择和运用得是否合理，发现最值得以后做事用以借鉴的东西。在总结中可以培养与锻炼自己的思维方法、分析能力、辩证观点，实际上这是自我提高的好方法。正如哲人所说，总结一次，认识提高一次。

懂得停止，是为了让自己跳出庐山，从更高的层次和视野看待自己、看待事情。人一味向前，就看不到脚下的陷阱，即使自己迷失在歧路上，也总感觉只要奔忙，很快就能到达目的地。殊不知，南辕北辙这样愚蠢的事也许你正在做。

停止是一种明智的取舍，看似放松前行的脚步，停止奔忙的步伐，甚至会让自己经历另一个停止——起步。但你要记住，没有舍弃，就没有获得，不愿停下来审视自己的人，永远也不能发现自己的缺点，实现自己的质变。

不管是工作还是学习，适时调整自己都是必需的，努力一阵子，短时间地工作，现在的社会已经是短时间效益的集合体。

社会各种庞杂信息的扑面而来，为我们提供了无穷尽的各种资源，创造了前所未有的各种机会，我们似乎没有足够的时间和精力去做每一件事情。这个时候我们就需要调整，需要适时地停下，这是我们所必须具备的素质和要做的准备。

启示

在人生的路途上，懂得停止，从更高的境界理解是：学会停止也就是知道在该放下的时候放下，该拿起的时候重新拿起，暂时停下手里的工作，用心去聆听这个世界。换一种触觉，同时意味着你获得另一种灵感与机缘。一阵子的忙碌与调整，机会很多，要改变的思路相应的也有很多，那么停下来，以一种旁观者的角色去重新定位、重新武装，不失为大将之风范。

正确的方法比执着的态度更重要

人活于世，仅仅知道该做什么是不够的，因为人的命运取决于做事的结果，而结果取决于做事的方法。做事持之以恒，有毅力，肯努力，这些都是优秀的品质。然而，方法比努力更重要。抓不住事情的关键所在，只知道埋头干事的人，最后只能是白费气力，更解决不了问题。

对于现实中的人来说，在学习和工作中，努力是好事情，但是光努力是不够的，还要多动脑、多思考，这样才能真正做出成绩。要善于观察、学习和总结，仅仅靠一味地苦干，只埋头拉车而不抬头看路，结果常常是原地踏步，明天将仍旧重复昨天和今天的故事。

一家建筑公司在为一栋新楼安装电线。在一个地方，工人们要把电线穿过一条20米长，但直径只有3厘米的管道，管道砌在砖石里，并且拐了五个弯。开始他们都感到束手无策。

后来，一位爱动脑筋的装修工想出了一个非常新颖的主意：他到市场上买来两只白鼠，一公一母。他把一根电线绑在公鼠身上，并把它放在管子的一端。另一名工作人员则把那只母鼠放到管子的另一端，并轻轻地捏它，让它发出吱吱的叫声。公鼠听到母鼠的叫声，便沿着管子跑去找它。公鼠沿着管子跑，身后的那根电线也被拖着跑。于是，工人们很容易地把两根电线连在了一起。就这样，穿电线的难题顺利得到解决。这位爱动脑筋的装修工也因此得到同事们的喜欢和老板的嘉奖。

每个人都要努力做到用脑去想，用心去做。学会思考，学会发现问题、解决问题，学会认认真真地做好每一件事。聪明地做事，好机会就会来到你的身边。大部分人都专注于他们的欲望，无所作为地工作，以至于没有时间来思考少花时间和精力的方法。缺乏思考能力和做事方法的人，他们往往事倍功半，费力不讨好。

许多年前，有人要将一块木板钉在树上当搁板，贾金斯便走过去管闲事，说要帮他一把。他说：“你应该先把木板头子锯掉再钉上去。”于是，他找来锯子，还没有锯到两三下又撒手了，说要把锯子磨快些。

于是他又去找锉刀，接着发现必须先在锉刀上安一个顺手的手柄。于是，他又去灌木丛中寻找小树，可砍树又得先磨快斧头。

磨快斧头需将磨石固定好，这又免不了要制作支撑磨石的木条。制作木条少不了木匠用的长凳，可这没有一套齐全的工具是不行的。于是，贾金斯到村里去找他所需要的工具，然而这一走，就再也不见回来了。

无数人的实践经验证明了这一点：单纯地努力工作并不能如预期的那样给自己带来快乐，一味地勤劳并不能为自己带来想要的生活。懂得思考，掌握方法，这是做事最关键的一点。身处于激烈的社会中，同样一项工作任务，有的人可以十分轻松地完成，而有的人还没有开始就时不时出现这样或那样的问题。其中的关键，就在于前者用大脑在工作，想方法去解决问题。只有在工作中主动想办法解决困难、问题的人，才能成为公司中最受欢迎的人。

在生活中，我们不可能总是一帆风顺的，当遇到难题的时候，绝对不应该一味下蛮力去干，要多动些脑筋，看看自己努力的方向、做事的方法是不是正确。

启示

人活于世，仅仅知道做什么是不够的，因为人的命运取决于做事的结果，而结果取决于做事的方法。不掌握正确的做事方法，一味下蛮力往往也是无用功。正确的方法比执着的态度更重要。调整思维，尽可能用简便的方式达到目标，选择用简易的方式做事，这是聪明人做事的方法

第 5 章

听说你还在迷恋运气

有些人非常迷恋运气，认为一件事情做好了是好运，反之就是没有遇到好运气。的确，生活中，运气是有的，但那只是小部分概率事件，就好像“瞎猫碰到死耗子”一样的小概率事件，我们所需要做的就是踏踏实实做事，不要寄希望于运气。

世界是不公平的，我们要试着接受

比尔·盖茨说："社会是不公平的，我们要试着接受它。"在这个世界没有绝对的公平，假如真的绝对公平了，反而会是另外一种不公平。一个人从呱呱坠地，就有很多的不公平，出生背景不同，家庭关系不同，受教育程度不同，这些对我们而言都是一种不公平。

面对这样的情况，如果我们处处较真，抱怨上天对我们的不公平，只会让自己陷入一个痛苦的怪圈。更有甚者，最让我们感到心理不平衡的，是从前跟我们在一个水平线上的人，今天突然变得不一样了，一起工作他却升职加薪了，一起做生意他却发财了。别人做事情总是处处顺利，而自己则是处处碰壁。

我们为了生存，不得不努力地挣扎，以争取属于自己的那片天地。但在很多时候，我们努力了，却没有得到期望的结果。这时不要较真，不要哭泣，也不要怨天尤人，我们需要平静地面对这个世界，因为在这个世界上没有绝对的公平，我们只求心理平衡。

一个人活着，他就注定有机遇、有坎坷、有欢乐、有痛苦，即便我们付出了所有的精力和心血，也不会换来公平的待遇。

在生活中，有的东西既然别人得到了，我们就不要再去争，这样只会徒劳无益；假如自己得到了，那就好好珍惜，别人也不会轻易就能剥夺你的所有。在这个世界上，从来都是一分耕耘，一分收获，有所失才会有所得，只有对生活、对工作有所付出，才有可能得到期望的回报。

在生活中，有的人比较幸运，他可以利用身边能够利用的一切资源，很快地过上了令人羡慕的生活，而像自己这样一无所有的人，需要认清生活中存在的不公平，把自己的劣势变成努力奋斗的动力，发挥自己的长处，寻找机会，坚持自己想干的事情，这样才可以扭转我们所认为的不公平的局面。

有两个渔人，一起出去捕鱼。

他们来到河边，捕了很多的鱼。在分鱼的时候，两人发生了争执，都说自己分少了，对方分多了。没有办法，他们决定在河边挖一个水坑，暂时把鱼放在里面，回家去拿秤来重新分配。可是等他们回来的时候，水坑里的鱼却早已经从里面跳出来，游进了河里。他们感到十分懊恼，互相埋怨对方。

这时，他们听见了野鸭的叫声，于是决定去捕野鸭。正当他们接近野鸭准备射击的时候，其中一个人说："先别忙，咱们先说好野鸭怎么分配，免得又让野鸭跑了。"于是，两人为分配的事情又争吵了起来，他们争吵的声音惊动了野鸭，野鸭马上就飞走了，可两人还在那里争吵不休。

在生活中，我们也经常会遇到这样的事情，本来彼此之间合作得很好，但双方都在计较是否公平，结果，已经到手的利益成了竹篮打水一场空，谁也没拿到好处。经常会有这样一些人，在事情还没办成的时候，就为了所谓的彼此之间的公平分配而争吵，争吵的结果就是所办的事情不了了之。

其实，在许多事情上，我们绝不能拘泥于绝对的公平，因为绝对的公平是不存在的。重要的是，我们要善于从长远利益出发，所谓小不忍则乱大谋，切忌处处较真、斤斤计较。

虽然，社会提倡伸张正义、主持公道。而那些政治家在每一篇竞选演讲中也会慷慨陈词："让每一个人都得到平等与公平的待遇。"但是，日复一日、年复一年，几个世纪过去了，他们也无法真正地消除世界上那些不公平的现象。

实际上，有史以来，这些现象就从来没有消失过，贫困、战争、瘟疫、犯罪、卖淫、吸毒和谋杀等各种社会弊病一代代延续着，某些地区还会越演越烈。我们应该明白，这些不公平现象的存在是必然的，当我们无法改变这一切的时候，我们可以努力改变自己，不让自己陷入一种惰性，并用自己的智慧去努力争取更好的结果。

在生活与工作中，经常可以听到有人这样发泄："这简直太不公平了！"这是一种随处可见的抱怨。当我们感到某件事不公平的时候，必然会把自己同另外一个人或另外一群人进行比较，我们会想：他比我得到得多，这就很不公平。如果你越是这样较真，那你就越是觉得自己得到了最不公平的待遇。

启示

凡事只要我们无悔地付出，至于结果怎么样，不要太在意，我们只求自己心理的平衡。付出过，努力过，拼搏过，那就无怨无悔。对于生活中的许多事情，不要太去计较是否公平而只求得内心的安慰就可以了，这样我们才无愧于心。

心理暗示很重要，好运就从这里来

心理暗示在日常生活中随时随地都可以用到，它是用含蓄、间接的方式对人的心理状态产生影响的过程。一般而言，暗示分为他人暗示和自我暗示，当遭遇不公平待遇时的积极心理暗示是一种自我暗示，即自己把某种观念暗示给自己，并使它实现为动作或行为。

自我暗示的作用是巨大的，不仅能影响自己的心理与行为，还能影响自己的生理机能。另外，积极的心理暗示能起到增进和改善的作用；相反消极的心理暗示能扰乱我们的心理、行为以及生理机能。

当你习惯性地想那些快乐的事情，你的神经系统就会习惯性地令自己处在一个快乐的状态，这时你会发现幸福是触手可及的。

积极暗示心理学家马尔兹说：“我们的神经系统是很‘蠢’的，你用肉眼看到一件喜悦的事，它就会做出喜悦的反应；看到忧愁的事，它就会做出忧愁的反应。”于是，积极的暗示产生积极的心态，消极的暗示产生消极的心态，对我们来说，要尽量避免运用消极的暗示。

如果你能感恩于生活，那你会发现幸福其实很简单，它近得触手可及。在这个物欲横流的时代，你拥有多少金钱并不能说明你有多幸福，你拥有多高的社会地位与权势并不能证明你比他人更幸福。只要我们每天都能给予自己这样的心理暗示，那就意味着自己是幸福的。

在辅导班里，有一位60岁的教授，他谈吐幽默风趣，专业知识精深。但是，给学生印象最深的却是他每一次进教室都精神饱满、面带笑容，而且，每次都会带上一束花放在教室的花瓶里，虽然，每一次带来的花都不一样，但却同样鲜艳美丽。学生不禁产生这样的疑问：教授为什么总是如此幸福，难道生活就没有什么不顺心的事情吗？

课程结束之后，一位学生向教授表达了自己的感激之情，同时，提出了一直存在心中的疑问。头发花白的教授笑了笑，说：“其实，我只是不断地暗示自己：一切都会好起来的。前些天，老伴在一次车祸中走了，孩子又在外地工作，我一个人在家里很孤单，本来我已经退休了，但我还想继续执教，教师这份职业让我感到快乐。在工作之余，我最喜欢养花，在我家的院子里一年四季都有花香，我把这些花送给朋友、邻居以及喜欢这些花的陌生人。我每次带来的花都是自己种的，能给别人带去快乐，我自己也感到很幸福。”闻着那些花香，学生感到幸福正抚摩着自己的脸颊。

在生活中，我们常常会感到悲伤、烦闷，总是认为幸福是一种奢侈品，难以把握。其实，只要我们学会了积极的心理暗示，幸福就是触手可及的。

习惯于幸福的人会每天对自己说：“今天的天气真好，一切都会顺利的。”而不幸的人会说：“今天一切又不会顺利。”有时候，幸福对于我们来说只是一种选择，谁也不能决定你的幸福，只有你自己。

启示

幸福隐藏在琐碎的事情之中，就如同点点粉末撒在日常事物之中，当我们的眼光太过于高远，就看不见那些随处飞扬的尘埃。所以，别计较太多，如果我们每天都在细数着自己身边的幸福，那么，幸福的指数就会一直上升，最终成为一种习惯，伴随我们左右。

生活里藏着好运和坏运

为什么生活越来越富裕，收入越来越高，人们却感觉不到幸福呢？幸福课教授本·沙哈尔对此提出了自己的看法：因为人们常常被“幸福的假象”蒙蔽。本·沙哈尔说：“我们所处的社会环境和文化背景是这样的：假如孩子成绩全优，家长就会给奖励；如果员工工作出色，老板就会发奖金。人们习惯性地去关注下一个目标，而常常忽略了眼前的事情，最后，导致终生的盲目追求。”其实，我们生活的过程就是一个营造幸福的过程。

有时候，我们只看到生活的某个角度，而忽略了生活带给我们的多面性，自然会觉得自己是不幸福的。当我们可以全面地看待生活的时候，我们才能铸就幸福。幸福就是真实、快乐地生活着，这看起来更像是一种生命的精神状态。

A先生已经40岁了，拥有一家公司，家里有位美丽贤惠的妻子和一对可爱的儿女。身边的一些朋友都羡慕他，他也曾满足过，但渐渐地他越来越感觉不到幸福的滋味了。每天，他都在想要是再多挣一些钱，让自己和家人的后半生没有后顾之忧就好了。如果碰上经济危机，生意不好做怎么办？自己和家人的生活失去保障该怎么办？

案例中的这位先生，他这样的生活状况，在外人看来是幸福的，但他自己却感觉不到幸福的滋味。因为每天他都在想，自己要是多挣一些钱，让自己和家人的后半生没有后顾之忧就好了；假如遭遇经济危机，生意不好做怎么办？自己和家人的生活失去保障该怎么办？在这里他只看到生活中让自己担忧的一面，却忘记家里美丽贤惠的妻子和一对可爱的女儿，因为缺少对生活全面的看待，他无法体会到幸福的感觉。

教堂里有位看门的人，他看十字架上的耶稣每天要应付这么多人的要求，觉得于心不忍，希望自己能分担耶稣的辛苦。有一天他祈祷时，向耶稣表达了自己这份心愿。意外地，他听到一个声音："好啊！我下来为你看门，你上来钉在十字架上。但是，无论你看到什么、听到什么，都不可以说一句话。"这位先生觉得这个要求很简单。于是，耶稣下来，看门的先生上去，像耶稣被钉在十字架般地伸张双臂。

看门先生依照先前的约定，静默不语，聆听信友的心声。来往的人络绎不绝，他们的所求，有合理的，有不合理的，千奇百怪。但无论如何，那位先生都强忍下来没有说话，因为他必须信守先前的承诺。

有一天，来了一位富商，当富商祈祷完毕离开的时候，竟然忘记将手边的钱袋拿走。先生看在眼里，真想叫这位富商回来，但是，他憋着不能说。接着来了一位三餐不继的穷人，他祈祷耶稣能帮助自己渡过生活的难关。当他要离去的时候，发现先前那位富商留下的袋子，打开，发现里面全是钱。穷人高兴极了，耶稣真好，有求必应，万分感谢之后就离开了。十字架上伪装的耶稣看在眼里，想告诉穷人，这不是你的。但是，约定在先，他仍然憋着不能说。

接下来一位要出海远航的年轻人来了，他是来祈求耶稣降福保他平安。就在他要离去的时候，富商冲进来了，他怀疑年轻人拿走了自己的钱，两人吵了起来。这时十字架上伪装的耶稣再也憋不住了，他开口说话了。事情清楚了，富商去寻找那位穷人去了，而年轻人则匆匆离开了。

人都走了，真正的耶稣出现了，指着十字架说："你下来吧！你已经没有资格在那个位置上了。"看门人说："我把真相说出来，主持公道，难道不对吗？"耶稣说："你懂什么？那位富商并不缺钱，他那袋钱不过用来嫖妓，可是对那穷人，却是可以维持一家大小的生计，最可怜的是那位年轻人，如果富商一直纠缠下去，延误了他出海的时间，他还能保住一条命，而现在，他所搭乘的船正沉入大海中。"

在生活中，我们常常自以为怎么样才是最好的，但往往却事与愿违，使我们意不能平。其实，不管处于什么样的境地，我们都应该相信，目前我们所拥有的，不论是顺境还是逆境，那都是对我们最好的安排。假如真的是这样，我们才能更全面地看待生活中的苦与乐，也才容易感受到幸福的滋味。

对于每个人而言，生活都是多面性的。当我们抱怨其不公平之处的时候，往往忽视了生活中美好的一面。对此，在生活中，我们需要多维度看待生活，这样才能更真切地领悟到幸福的感觉。

启示

生活中，不公平的事情处处皆是，如果我们凡事都较真，抓着自己所受的不公平待遇不放，那我们所感受到的只能是痛苦，而非幸福。所以，放下心中的固执，不要再为生活的不公平较真，我们自然能体会到幸福的甘甜。

积极行动，才能带来好运

英国著名作家奥利弗·哥尔德斯密斯曾说：“与抱怨的嘴唇相比，你的行动是一位更好的布道师。”与其抱怨，不如从此刻开始行动。面对生活里的一丁点不如意，人们最普遍的习惯是抱怨，不停地抱怨，抱怨父母不理解，抱怨社会太现实，抱怨朋友的欺骗。于是，抱怨成为一种习惯，然而，那些不如意的事情、悬而未决的事情并没有得到真正的解决，自己的情绪反而因为抱怨陷入了恶性循环，这就是抱怨所带来的负面影响。我们所生活的世界每天都在发生变化，关键的是，我们自己为这个世界带来了什么样的变化?

对于大多数人来说，每天所做的最多的事情就是抱怨这样或那样，这些情绪会逐渐形成负面的改变。对此，心理学家认为，学会关注他人，尊重他人，为其提供礼貌、周到的服务，则会造成积极的改变。所以，停止抱怨，将这样一种怨气付诸实际行动，从此刻开始改变吧！

王小姐是公司负责企划案的经理，最近，她手头刚刚接了一个企划案，不过，需要另外一个部门的配合才能有效地执行方案。可是，令王小姐感到苦恼的是，另一个部门的同事因为觉得所附加的工作量太大，不愿意去做，而且责怪王小姐："我最近都很忙啊，你这样的企划案还来找我，真是没事找事。"王小姐心中一肚子怒火，忍不住找同事抱怨："咱们都是为工作，我们行，她怎么就不行呢？"说着说着，王小姐发现自己的怒火越来越大，甚至，哪怕是看见另外一个部门的员工，心中的火气就"腾"地一下冒起来了。

不过，抱怨了事情还是没有解决，王小姐意识到这根本不能解决问题，自己需要沟通。她心想：抱怨毕竟只是发泄，解决不了问题，既然是为了工作，那就对事不对人，我得找她沟通去。后来，王小姐找了一个机会把自己的意图跟另一个部门的同事解释了一下，对方竟欣然接受了即使加班也要完成工作的要求。工作任务完成之后，王小姐长舒了一口气，说道：

“如果当初我继续抱怨下去，就会影响我跟她继续合作的情绪，工作肯定完成不了，看来，以后，我得少抱怨，多行动才行！”

有时候，我们在工作中会遇到一些人际麻烦，有的人处理方式是跟其他人抱怨，这无疑又制造了一个“三角问题”，自己和工作搭档有问题，却和另外一个人去讨论这些事情。事实证明，一味地抱怨根本解决不了问题，改变事情现状最有效的方式是改变，只有行动才能改变事情。所以，请停止抱怨，放弃抱怨，从此刻开始行动吧！

从前，有一位年老的印度大师，他身边有一个喜欢抱怨的弟子。有一天，印度大师让这个弟子去买盐，等到弟子回来后，大师吩咐他抓一把盐放在一杯水中，然后喝了那杯水，弟子按照师傅的吩咐一一做了，大师问道：“味道如何？”龇牙咧嘴的弟子吐了口唾沫，说道：“咸！”

大师一句话没说，吩咐弟子把剩下的盐都倒入附近的一个湖里，听从师傅的吩咐，弟子将盐倒进湖里。大师说：“你再尝尝湖水。”弟子用手捧了一捧湖水，尝了尝，大师问道：“什么味道？”弟子回答说：“味道很新鲜。”大师继续追问：“那你尝到咸味了吗？”弟子回答说：“没有。”

这时，大师才微微一笑，说道：“其实，生命中的痛苦就像是盐，不多，也不少，在生活中，我们所遇到的痛苦就这么多，但是，我们体验到的痛苦却取决于将它放在多么大的容器里。所以，面对生活中的不如意，不要成为一个杯子，老是抱怨，而要成为湖泊，去包容它，通过实际行动来改变自己的现状。”弟子若有所悟地点点头。

什么是抱怨呢？有人说这是一种宣泄，一种心理平衡，似乎抱怨可以将那些不如意的事情发泄出来。每天，每个人可能都会面对许多不如意的事情，如果只是一时的抱怨，还可以接受，但是，有时候，抱怨久了就会形成习惯，而抱怨的根源是对现实的不满意。一个人来到这个世界上，面对生活中的诸多不如意，只有两个选择：要么接受，要么改变。

从前，在魏国东门有个姓吴的人，他的独生儿子死了，可是，他看起来一点都不伤心，每天仍早出劳作，快乐自在。有人对此感到不解：“你的爱子死了，永远也见不着了，难道你一点也不悲伤吗？”那位姓吴的人却回答说：“我本来没有儿子，后来生了儿子，如今儿子死了，不是正和我以前没有儿子时一样吗？每天那些农活依然是我的工作，我又何必去忧伤呢？花费时间去伤心，不如将这样的精力投入实际行动中来。”

阿尔伯特·哈伯德曾说："如果你犯了一个错误，这个世界或许会原谅你，但如果你未做任何行动，这个世界甚至连你自己都不会原谅你。"抱怨，它只是一种语言而不是行动，当一个人过多地被语言困扰的时候，他会失去行动力。当然，将抱怨转化为动力，我们还需要拥有广阔的胸襟，只有看透了抱怨的实质，我们才有可能将怨气化为动力。

启示

抱怨成为接受事实的一个阻碍，我们总是想道：这件事对我是不公平的，这样的事情怎么会发生在我的身上呢？我怎么能接受这样的事情呢？所以，一种强烈的倾诉欲望开始萌发，我要去对别人诉说，以此证明我的无辜和委屈，于是，在我们抱怨的时候，我们已经失去改变这件事情的机会。那么，当我们无休止抱怨的时候，有没有想过比抱怨更好的解决方法呢？

好运不会每次都降临在你身上

生活中总会有一些打抱不平的愤青，他们不断地抱怨上天的不公平、生活的不公正，其实，这些人之所以一直在喋喋不休地抱怨着，那是因为他们无力扭转什么。成功只会垂青那些积极主动的强者，只要你敢于担当，勇于接受来自生活的挑战，那么，任何艰难险阻都会变成坦途。

对于一个强者来说，任何事情他们都会尝试着去做，因为敢于去做，到最后事情都会自然而然地变得顺畅。最终，他们会发现，那些原来让自己思虑重重的困难，竟然只是一件小事，根本不值得抱怨。

现实生活中，平庸之辈总是多数，即便自己已经很平庸了，但还在不断地抱怨。他们动不动就说“这个社会怎么怎么样”“我简直是英雄无用武之地”，其实，说出这样话的人本身绝不是什么强者，因为强者绝不是这样的态度。

面对人生的诸多不如意，我们都不要再抱怨了，抱怨只会让自己变得更加无能。只有无能的人才会抱怨，那些强者往往会通过改变生活来解决这些问题。所以，在这个世界，真正的强者并不多，大多数都是习惯于抱怨的庸者之辈。

小李和小王是大学同学，大学毕业后，两人签了同一家国企，更有趣的是，两人居然被分到同一个办公室，成为同事。小李在大学就是赫赫有名的人物，学生会主席，沟通能力和处理问题的能力都很强；小王虽然成绩优秀，但是，在大学没有参加过社团活动，相应的处世能力较弱。

在办公室里，挂着职称的科长和两名副科长都不负责具体业务，两名副科长年纪稍大，觉得升迁无望，每天就只想着混日子，一旦有任务分配下来，他们自然会推给小李和小王：“小伙子，多锻炼，对自己有好处……”小李每次都欣然答应，做事情十分积极；小王则相反，他觉得同样都是在办公室工作，怎么就自己一个人像打工的，接到新任务也不积极，心中怨气越来越大。

前不久，公司领导决定在家属楼后面的空地上建一座三层小楼，作为“健身中心”，这项任务自然落到了办公室里。小王知道艰巨的任务又来了，索性在第二天请了病假，最终小李接下了这个工作，科长还不断嘱咐小李：“抓紧时间啊，这可是关系全公司职工的切身利益啊。”接下来的一个月时间里，小李天天往城里跑，把那些有名的健身中心都找了个遍，又是拍照，又是去图书馆查资料，每天忙得晕头转向。而小王和其他人则在办公室里休闲地喝着茶，看着报纸。没过多久，小李将图纸交给科长，因为设计比较成功，受到科长嘉奖。小王则在旁边抱怨：“哎，早知道当初我应该来接这个任务，领导太不公平了，知道那天我请假就无视我的存在，如果我接了任务，说不定比他完成得还要漂亮……”

后来，只要小李得到上司的嘉奖，小王都要抱怨一番：“领导对我太不公平了……”刚开始的时候，办公室同事还帮小王说些打抱不平的话，可是，时间久了，大家也不怎么关心了，反而会在背后议论：“自己没本事就别吱声嘛，见不得人家好，谁知道他一天的抱怨怎么那么多，还不是自己无能，否则，领导怎么会不重用他呢……”

罗斯福说：“未经你的许可，没有任何人能够伤害你。”有的人自己办不了事情，别人办了漂亮事，他还会到处抱怨：“其实我是很有能力的”“他凭什么就能得到领导的重用啊”“这件事我会比他做得更好，可领导偏偏不找我嘛”。但是，真正的结果却是自己无力扭转什么，心中才充满了抱怨。而另外一些人所想的是如何解决问题，如何完成这件事，因此，他们会在最后的努力中成功，而那些无能的人只能在抱怨声中销声匿迹。

有一句话说得好：“多数人都想改造世界，但却很少有人想改造自己。”可能，左右一个人成功的因素会很多，但是，如果你连自己都不想改变，你会成为一个强者吗？许多人习惯抱怨社会、抱怨他人、抱怨自己，可是，有人想过这是因为自己不够强大而导致的吗？

一个人若是把自己定位在“弱者”的位置上，就会觉得什么都无法改变，从而变成一个抱怨者除了抱怨还是抱怨。因此，当生活遭遇不幸的时候，我们所想的应该是如何解决问题，而不是不断地抱怨这个问题的存在，这样我们才能真正地解决问题。

启示

真正的强者，从来不抱怨，他们总是会把那些消极的想法从内心中扫除殆尽，让自己的内心充满阳光、充满希望。相反，一个弱者、一个无能的人，他们的生活总是充满了抱怨，因为无力改变现状，或者是内心根本没有想要改变现状的意识，因此，他们除了抱怨，别无他法。

不再寻找好运，你就是好运

有人说：“处于不幸中，垂头丧气显然于事无补，我们要做的，除了坦然面对之外，能改变的，只有自己的心。”当生活的不幸来临的时候，积极的心态是一个人战胜一切艰难困苦、走向成功的助推器。

人要看得开，就不会失败。积极的心态，能激发人们的所有聪明才智，而消极的心态，就好似蜘蛛网缠住昆虫的翅膀一样，不断地束缚人们才华的施展。

在不幸面前，有的人越过越好，而有的人却从此一蹶不振，其实，这两者的区别在于心态的差异：前者所拥有的是积极的心态，而后者却总是呈现出消极的心态。当然，心态是个人的选择，有积极心态的人往往会处于不败之中，那么，战胜不幸对于他来说就很容易了。

这是一个遭遇不幸的家庭，丈夫原来是一家工厂的职工，乖巧懂事的儿子正在读高中。不过，这一切全因为妻子生病而毁了，如今，妻子瘫痪在床，生活不能自理。对此，丈夫不得不辞去工厂的工作，在家里照顾妻子。

看到家里这种情况，懂事的儿子要辍学打工，但是，父母坚决不同意。爸爸对儿子说："如果你不念书了，你妈妈会觉得连累了你，心里会是多么难过。你是咱家最大的希望，现在咱们苦点，等你将来考上大学，毕业后找份好工作，咱们不就翻身了吗？再说家里还有我呢！咱们两个都是男人，这个时候需要坚强起来，没有过不去的火焰山。"儿子最终没有辍学，学校得知情况后，免去了他的学费。

但是，一家人总是要吃饭，仅仅靠着政府救济是解决不了问题的。丈夫要照顾妻子，不能出去工作，他寻思就在家里弄一个小作坊，利用自己的手艺做些小工艺品，卖给街上的商店，商店再卖给来这里旅游的游客。后来，妻子也加入其中，夫妻俩在家里一边做工艺品，一边说说笑笑，丝毫看不出生活带来的痛苦。

丈夫总是很幸福地对妻子说："我觉得我们很幸福，天天都在一起，同劳动同吃饭，多好。"丈夫还学会了按摩，每天坚持给妻子按摩两个小时，妻子的病情大有好转，瘫痪的双腿渐渐有了知觉。

如今，妻子拄着拐杖试着练习走路，尽管很痛苦，但妻子还是每天咬牙坚持练习。她说："尽管医生说过我的双腿不可能再恢复了，但我还是想试试看，奇迹不都是人创造出来的吗？我也试试看能不能创造出一个奇迹。"

或许，看完这个故事，你根本想象不到这是一个遭遇不幸的家庭，他们跟所有幸福的家庭一样，没有什么痛苦。什么是不幸呢？心若看开，人就永远不会败。积极乐观的心态是成功的起点，消极的心态是失败的源泉。

对于我们每个人来说，生活和事业不可能一帆风顺，常常会遇到各种困难和挫折，我们必须永远怀有事情还会有转机的乐观心态，才能战胜逆境获得成功。

积极的心态能够使人看到希望，保持进取的旺盛斗志。消极的心态使人沮丧、失望，限制和扼杀自己的潜能。积极的心态创造人生，消极的心态消耗人生。

西部“牛仔大王”李维斯的西部发迹史充满坎坷，充满传奇。他的制胜“法宝”是每当受到挫折、遭受打击时，绝不抱怨，并且非常兴奋地对自己说：“太棒了！这样的事竟然发生在我的身上，又给了我一次成长的机会。”

启示

在遭遇不幸的时候，选择积极的心态，就等于选择了成功的希望；选择消极的心态，就注定了要走入失败的沼泽。如果你想摆脱不幸，就必须摒弃那种扼杀你的潜能、摧毁你的希望的消极心态。

第6章

别让现在的你活得太安逸

人生每一次的选择都将是未来生活的底片，今天你选择挥洒汗水，明天就能拥抱成功；今天你选择安逸的生活，明天就有可能过着不那么舒适的生活。千万别让现在的你活得太安逸，这样你会失去前进的动力。

哪怕走得很慢，但终会抵达

许多人觉得自己很平凡，能力有限，先天条件的欠缺导致他们对自己丧失信心，在他们看来，不管自己如何努力，最终都只会成为一个平庸的人。既然抱着这样的想法，他们就不再想去努力，浑浑噩噩地生活着，甚至有的人选择了自甘堕落的生活。

然而，人们浑然忘记了成功的路从来不会一帆风顺。许多人也曾迷茫过，也曾不知道未来究竟在哪里，但是，他们却以自己成功的经历告诉我们：相信梦想，梦想自然会回馈于你，努力比任何东西都来得真实，用坚韧换机遇，用时间换天分，哪怕走得很慢，但终会抵达。

有一个孩子想不明白自己的同桌为什么每次都能考第一，而自己却只能排在他的后面。

回家后他问妈妈："妈妈，我是不是比别人笨？我觉得我和他一样听老师的话，一样认真地做作业，可是，为什么我总比他落后？"妈妈听了儿子的话，感觉到儿子开始有自尊心了，而这种自尊心正在被学校的排名伤害着。她望着儿子，没有回答，因为她不知道该怎么样回答。又一次考试后，孩子考了第20名，而他的同桌还是第一名。回家后，儿子又问了同样的问题。她想说，人的智力确实有高低之分，考第一的人，脑子就是比一般的人灵。然而这样的回答，难道是孩子真想知道的答案吗？她庆幸自己没说出口。

应该怎样回答儿子的问题呢？有几次，她真想重复那几句被上万个父母重复了上万次的话——你太贪玩了，你在学习上还不够勤奋，和别人比起来你还不够努力……以此来搪塞儿子。然而，像她儿子这样脑袋不够聪明、在班上成绩不甚突出的孩子，平时活得还不够辛苦吗？所以她没有那么做，她想为儿子的问题找到一个完美的答案。

儿子小学毕业了，虽然他比过去更加刻苦，但依然没赶上他的同桌，不过与过去相比，他的成绩一直在提高。为了对儿子的进步表示鼓励，妈妈带儿子去看了一次大海。就是在这次旅行中这位母亲回答了儿子的问题。

母亲和儿子坐在沙滩上，她指着海面对儿子说："你看那些在海边争食的鸟儿，当海浪打来的时候，小灰雀总能迅速地飞起，它们拍打两三下翅膀就升入了天空；而海鸥总显得非常笨拙，它们从沙滩飞向天空总要很长时间，然而，真正能飞跃大洋的却是它们。"

是的，"海鸥总显得非常笨拙，它们从沙滩飞向天空总要很长时间，然而，真正能飞跃大洋的却是它们"。平凡又怎样，不起眼又怎样，只要你努力，一样可以飞过大洋。当我们在讨论这个问题的时候，应该反思的是自己是否努力过，如果我们连努力都不曾有，又何必抱怨这个社会太现实呢?

我们都听过龟兔赛跑的故事，兔子机灵，跑得快，它以为自己胜券在握，所以它安心地睡起了大觉。谁知道看起来慢吞吞的乌龟，却以百倍的努力以及坚持不懈的精神最先到达终点。谁能笑到最后，还真是不一定。

大学毕业后，威廉的求职战役正式打响了，他向很多知名企业投递了大概20份简历。那真是一段不堪回首的岁月，他天天跑招聘会，但自己的努力却看不见任何回应，那些投递出去的简历石沉大海般杳无音讯。好不容易有一家公司通知他面试，但在找工作的路途上依然是曲折坎坷。

威廉在笔试上失意过，在群面时因插不上话而被刷掉过，和许多求职的人一样，他曾经历过低谷期，但他始终努力着。遇见太多糟糕的事情，他反而觉得一切都会慢慢好起来；情绪太过糟糕，他反而知道应该如何来梳理情绪；了解自己的缺点之后，他反而知道什么工作才是最适合自己的。在每一次求职失败后，威廉都会反思自己的缺陷和不足，总结失败的经验，从来没有放弃过努力。

威廉说：“天赋决定了一个人的上限，努力则决定了一个人的下限。”许多人根本没有努力到可以拼搏天赋，就已经放弃了。威廉深知自己没有一步登天的天赋，所以只能用努力的时间来换取天分。

当然，最后威廉如愿找到一份好工作，但这与他平时的努力是分不开的。

成功恰巧就是运气撞到了努力而已，努力永远不会有错，即便现在无法感受到努力的回报，但未来的一天总会有用。选择自己喜欢的事情，然后坚持不懈地努力，相信梦想，更要相信努力，因为遗憾比失败更可怕。

当你在追逐梦想的时候，这个世界总会制造许多挫折与困难来阻挡你，残酷的现实会捆住你的手脚，但其实这些都不重要，重要的是你是否有努力到底的决心。

平庸并不可怕，可怕的是永远平庸。既然上帝没有给予我们天赋，那我们就用后天的努力来弥补。越努力越幸运，如果你觉得自己平凡，那就用努力换天分。当然，在这个过程中，我们要始终相信努力奋斗的意义，让未来的你，感谢现在拼命努力的自己。

启示

坚持不懈可以让你在失去动力的时候继续前行，这样可以让结果渐渐好转。坚持不懈最终会产生它的动机，仅需你保持你的努力，最终你就会得到回报，这个回报可以为你带来强大的动力。

真正努力过，成功才会毫不费力

在生活中，所谓的强者是什么？真正的强者不是凭借着各种资源努力向上爬的人，而是缔造自己辉煌命运的人，他们虽然遭遇了生活的不公平待遇，但依然可以冲破重重阻碍，最终采摘成功的果实。

从我们来到这个世界上的那一刻，上天就给予了我们不同的礼物，有的人太幸运，他得到的是一个完美无缺的洋娃娃；而有的人则运气不怎么好，他所得到的是一个修补过的洋娃娃。

对于前者而言，他前面走的路会相对平坦一些，而对于后者，他的每一步都需要付出很多才能达到自己的目标。对此，不管我们是属于前者还是后者，只要我们相信自己，那么即便自己所拥有的只不过是一个修补过的洋娃娃，也一样能缔造出命运的辉煌。

杰克·韦尔奇出生在美国一个典型的中产阶级家庭，父亲在铁路公司工作，每天早出晚归，因而，培养孩子的任务就落在了母亲的身上。与其他母亲不太一样，她对韦尔奇的关心更注重在提升他的能力和意志上。母亲是一位十分能干的人，韦尔奇觉得母亲什么都能干，她教会韦尔奇独立学习；每当韦尔奇的行为有所不妥，母亲总是以正面而有建设性的意见唤醒他，促使韦尔奇重新振作。母亲虽然话不是很多，但总令韦尔奇心服口服。

母亲一直抱持着这样的理念：坦率的沟通、面对现实、主宰自己的命运。她将这三门功课教给了韦尔奇，使得韦尔奇终身受益。母亲告诉韦尔奇："要掌握自己的命运就必须相信自己能缔造出辉煌的命运。"韦尔奇到了成年以后还略带口吃，但是母亲安慰韦尔奇："这算不了什么缺陷，只不过思维比开口快了一些。"正是母亲给予他的这份自信，让口吃不再成为阻碍韦尔奇发展的绊脚石，而且成为韦尔奇骄傲的标志。美国全国广播公司新闻部总裁迈克尔对韦尔奇十分钦佩，甚至开玩笑说："他真有力量，真有效率，我恨不得自己也口吃。"

韦尔奇的成绩应该可以进美国最好的大学，但是，由于种种原因，他最后只进了麻州大学。刚开始，韦尔奇感到十分沮丧，但进入大学以后，他的沮丧变成了幸运。他后来回忆这段经历，这样说道："如果当时我选择了麻省理工学院，那我就会被昔日的伙伴们打压，永远没有出头的一天。然而，这所较小的州立大学，让我获得了许多自信，我非常相信一个人所经历的一切，都会成为成功的基石，包括母亲的支持、运动、上学、取得学位，虽然我天生口吃，但我相信我一样可以缔造出自己辉煌的命运。"韦尔奇的大学班主任威廉这样评价他："他总是表现得很自信，他痛恨失败，即使在足球比赛中也一样。"1981年，韦尔奇成为通用电气最年轻的CEO（首席执行官），他是通用电气公司董事长。而自信成为通用电气的核心价值观之一，韦尔奇这样说：“我相信辉煌的命运可以靠自己的努力来创造。”

戴高乐将军曾说：“眼睛所看到的地方，就是你会到达的地方，唯有伟大的人才能成就伟大的事，他们之所以伟大，就是因为他们决心要做出伟大的事。”生活中，像韦尔奇一样有口吃毛病的人很多，但像他一样成功的人却很少，为什么呢？

因为大多数的口吃者都在为上天的不公平而抱怨，他们浑然忘记了，即便自己是一位口吃者，但命运的辉煌完全是可以靠自己创造的，除了口吃，自己与其他人并无区别。

或许，在生命的一开始，上天发给我们的并不是一手好牌。但是，如果我们能保持良好的心态，相信自己即便是一手烂牌，也可以玩得漂亮，这在牌桌上叫牌品，在生活中叫信念。与其花时间去计较上天给予的不公平待遇，不如花心思玩好自己手中的一副烂牌。

启示

我们的命运都掌握在自己手中，如果我们想让命运绽放出如烟花般灿烂的辉煌，那完全在于我们自己的努力，而不在于上天的恩赐。假如我们较真，那就较真自己是否努力过，是否拼搏过，只有真正地努力、拼搏之后，我们才能缔造出自己命运的辉煌。

抓住了就是机遇，抓不住就是挑战

培根说："智者创造的机会比他得到的机会要多。""抓住机遇"这句口号在日常的生活中经常能够听到。有人说："机遇青睐有准备的人。它不相信眼泪，它与怯弱、懒惰无缘。"也有人说："机遇稍纵即逝，目光敏锐、勇敢果决者常常能获得它。"其实，机遇对任何人都是平等的，能不能抓住它，主动权在自己手里。

机遇在人的一生中扮演着重要的角色。机遇无处不在。抱怨没有机会的人，实际上是不善于识别机会和发现机遇，他们总是在仰望远处的高山，却忽视了脚下的矿石。

很多年前，穿越大西洋底的一根电报电缆线因破损需要更换，这则小消息平静地传播在人们之间。但是一位不起眼的珠宝店老板却没有等闲视之，他毅然买下了这根报废的电缆。

没有人知道小老板的意图，认为他一定是疯了，异样的目光惊诧地围绕着他。小老板关起店门，将那根电缆线洗净、弄直，剪成一小段一小段的金属段，装饰起来，作为纪念物出售。

大西洋底的电缆纪念物，还有比这更有价值的纪念品吗？于是他轻松地发迹了。他又买下欧仁皇后的一枚钻石，淡黄色的钻石闪烁着稀世的光彩。人们不禁要问：他是自己珍藏还是开出更高的价位转手？他不慌不忙地筹备了一个首饰展示会，观众当然是冲着皇后的钻石而来。

可想而知，梦想一睹皇后钻石风采的参观者会怎样蜂拥着从世界各地接踵而至。他几乎坐享其成，毫不费力就赚了大笔的钱财。他就是美国赫赫有名、享有“钻石之王”美誉的查尔斯·刘易斯，一个磨坊主的儿子。

目光敏锐、头脑灵活的人，总能在机会的身影还若隐若现时，就做出自己的判断，并大胆地行动。查尔斯·刘易斯的成功，正是如此。他判定一根报废的电缆线中蕴含着一个巨大的商机，并把这次机遇当作自己事业腾飞的平台，乘着机遇的东风冲天而起，在商海大展身手。

不要总是抱怨没有好的机会降临在你身上，不要总想着会有兔子撞到你面前。成功的机会无处不在，关键在于你是否能紧紧地抓住。聪明的人能从一件小事中得到大启示，有所感悟，并将之化成成功的机会；而愚笨的人即使机会放在他面前也不知。

在生活中，我们不要被环境变化的表面现象所迷惑，只要认识到环境的变化会带来机会，细心观察市场动向，认真思考环境变化对经济发展的巨大影响，我们就会找到成功的机会。

1865年，美国南北战争宣告结束。但由于总统林肯被刺身亡，美国人民沉浸在欢乐与悲痛之中。这时，在铁路部门工作的卡内基意识到：战争结束后，经济必然复苏，经济建设必然需要大量的钢铁。因此，他义无反顾地辞去了报酬优厚的工作，主持组建了联合制铁公司。果然，美国打败墨西哥之后，便决定在加利福尼亚州修建一条铁路。

随后，美国又批准修建另外三条横贯美洲大陆的铁路。其实并非只有这几条铁路，而是各地纷纷申请铁路建设，规模达到了数十条，而这一切都需要大量钢铁的支持。因此，卡内基在联合制铁厂里矗立起一座当时世界最大的熔矿炉，并聘请化学专家到厂中检验买来的矿石、灰石和焦炭的品质，从而达到产品、零件及原材料的检测系统化。随后，卡内基大力整顿经营方式，使各层次的职责分明，生产力水平大为提高。

但是，经济的迅猛增长势必会有缓冲或回落的时段，卡内基根据社会发展状况，预料到那一天的来临。因此，他事先买下了英国道兹工程师“兄弟钢铁制造”的专利和“焦炭洗涤还原法”的专利。当1873年的经济大萧条来临之际，银行倒闭，证券交易所关门，铁路工程支付款被迫中断，一切生产都好像戛然而止，许多公司在经济大萧条中倒闭，而卡内基凭借事先买到的专利，公司依然正常运营……

在经济萧条的年代，大多数人看到的只是眼前一派衰败的社会现实，很少有人从社会的大发展方面看待事情，因此与千载难逢的好机会失之交臂。卡内基没有随大流，他从社会的不断变化中认识到，什么事都会有高潮和低谷，低谷过后，经济又会快速回升和发展。因此，他又向钢铁制造方面追加了投资。

经济大萧条很快就过去了，经济再次得到快速发展。当其他公司开始正常生产的时候，卡内基已经抓住主动权，公司生产的钢材和钢轨等在同等货源短缺的情况下被大量订购，他从中赚到了高额的利润。经过十几年的经营，他开始拥有垄断钢铁产业的实力，被人们誉为“钢铁大王”。

启示

世界无时无刻不在发生着变化，而机会也就藏身于变化之中。社会发展是大环境，身边事物的变化是小环境，只要你能认识到环境的变化会产生出许多成功的机会，并细心地观察寻找，你就会发现能够改变一生的机会。

有点雄心，人生会更有冲劲

雄心，与梦想、理想相比，它有具体目标，如想当政治家、将军是理想，想当总统、军长则是雄心；与上进心、进取心相比，雄心的目标更远大，如想当主管叫进取心，想当总经理就是有雄心了。如果说努力是为了让自己的才华赶上雄心，那雄心的存在却是促使自己不断努力的基石。

美国历史上伟大的总统罗斯福，从小就患有小儿麻痹症。像这样一个人，他通过比常人更加艰苦努力的奋斗，在美国获得广泛的人心与支持，成为美国历史上唯一一位连任四任的总统，四次实现了孩提时的雄心。有梦想，就应该有雄心。伟大的人物在雄心的催促下成其伟大，对于普通人来说，雄心的力量又如何呢？

美国的大富豪洛克菲勒在给儿子约翰的信中说：

老实说，我是一个野心家，从小我就想成为巨富。对我来说，我受雇的休伊特·塔特尔公司是一个锻炼我的能力、让我一试身手的好地方。它代理各种商品销售，拥有一座铁矿，还经营着两项让它赖以生存的技术，那就是给美国经济带来革命性变化的铁路与电报。它把我带进了妙趣横生、广阔绚烂的商业世界，让我学会了尊重数字与事实，让我看到了运输业的威力，更培养了我作为商人应具备的能力与素养。所有的这些都在我以后的经商中发挥了极大效能。我可以说，没有在休伊特·塔特尔公司的历练，在事业上我或许要走很多弯路。

一项调查报告显示，雄心，在成功人士身上得到了淋漓尽致的体现。成功者的一个共同的特点，就是都有着自命不凡的心态和雄心。“世界最优秀的人才是我们”“我能成为世界上最大、最好的公司的CEO”这种雄心，成为其宝贵财富。

每一个人都拥有巨大的潜能，而这种潜能的激发，很多时候都来自一种强烈的追求，来自雄心的刺激。亲爱的朋友，我们不可能都到哈佛去接受良好的教育，但我们却能有和哈佛毕业生一样的自命不凡的心态和雄心！对于一个有雄心的人来说，他具有超越常人的忍耐力和拼搏的精神，也正因为如此，他才更容易做最好的自己。

在美国，有一群贫穷孩子，他们从未离开过自己生活的小镇，但他们为这样的梦想而激动——“我们要周游世界！”

这些靠救济生活的孩子打算通过在报上刊登募捐广告来筹集旅费。但是，高达1.2万美元的广告费从何而来？沉浸在梦想中的孩子们，为实现自己的愿望，开始寻找所有力所能及的杂活，如洗车、卖报、卖花，一美分一美分地为实现梦想而挣钱。

媒体报道了孩子们的壮举，篮球名将迈克尔·乔丹看到后为之深深感动，他以圣诞老人的名义给孩子们寄来了一张1.2万美元的支票。孩子们精心设计的广告终于刊登出去了，结果他们收到了来自世界各地的8000多封信，并且每天都有好心的捐款人出现。而让整个小镇沸腾的事是总统亲自来信，邀请孩子们去白宫做客！

毫无疑问，这是一个关于梦想的真实故事，也是一个关于雄心的故事。对于普通人来说，如果你终生没有雄心，可能会活得平安、平淡，但绝不会感受到较大的成功所带来的喜悦和幸福，更感觉不到生活的价值。

美国《时代》周刊加拿大版曾刊文提到，美国加利福尼亚大学的心理学家迪安·斯曼特研究发现，“雄心”是人类行为的推动力，人类通过拥有“雄心”，可以有力量获得更多的资源。“树立了志向后，如果有雄心，不管别人说什么都会忍耐，在忍耐中不断磨炼人格，就能成为人人羡慕的人。”这是井上笃夫在《飞得更高——孙正义传》一书中的一句话。

雄心，造就出许多伟大的人！出身贫寒的克林顿，17岁目睹了美国总统肯尼迪的风采。当总统肯尼迪握住这位阿肯色州小男孩双手的时候，他有了一个雄心，他要成为美国总统！20年后，雄心变成了现实！

启示

当雄心与坚持、努力为伍，与踏实、上进为伴时，这样的一个人，怎么能不成就大业呢？有梦想、有雄心的人，深切地感受到，在切切实实地为目标拼搏、奋斗的过程中，自己迈步的幅度逐渐加大，速率逐渐提升，在努力的过程中，慢慢地实现由平凡到优秀的蜕变。

看似折磨你的环境历练出最后的强者

福楼拜说："天才，无非是长久的忍耐。"我们以为天才就是光鲜亮丽地站在成功的金字塔上，却无法想象其背后的忍耐和艰辛。生活中那些看似刁难你、折磨你的人，往往能够造就你更快地取得成功；看似折磨、煎熬你的环境，却总能历练出最后的强者。

因此，在困境中，要懂得忍耐，持续努力下去。如果你不愿让命运来主宰你的一切，但又没有扼住命运咽喉的本领时，切记，应当学会忍耐，注重积累。

谚语云："万事皆因忙中错，好人半自苦中来。"吃得苦中苦，方为人上人。要成就一件事情，须观察时机，等待因缘，急不得的。受苦忍耐是一种承担、一种处理、一种等候，也是对因缘法的认识。许多事业有成者都在忍耐多次失败后，越挫越勇，最后取得成功。

内托今年刚从学校毕业，在一场招聘会上，他很走运地被一家石油公司看中，随即被总公司分配到一个海上油田工作。

工作的第一天，工头便要求他在限定时间内登上几十米高的钻井架，并将一个包装好的漂亮盒子，送到最顶层的主管手中。他拿着盒子，迅速登上又高又窄的舷梯。当他气喘吁吁地登上顶层后，只见主管在盒子上签了自己的名字，又让他送回去给工头。他一接到命令，连忙快速地跑下舷梯，并把盒子交给工头。但是，没想到工头草草签完名字之后，又原封不动地交给他，要求他再送回去给顶层的主管。年轻人看了看工头，却又不知道要如何发问，只得乖乖地跑上顶层。然而，主管这回同样只在盒子上签名而已，签完后又要他送回去。

年轻人就这样来来回回、莫名其妙地上下跑了两次，心里隐约感觉到，这一切似乎是主管与工头故意刁难他。直到第三次，这个全身都被海水溅湿的年轻人，内心已经充满熊熊怒火，不过他仍然强忍着怒气。当他第三次将盒子送去给主管时，主管这回则说："把它打开。"年轻人将盒子拆开后，里头居然是一罐咖啡与一罐奶精，这会儿他更加确定，这是主管与工头联合起来欺负他。他愤怒地看着主管，但是主管仿佛一点儿也没感觉似的，接着又对他说："去冲杯咖啡吧！"这个命令一下，年轻人再也忍不住了，用力把盒子摔到海面上，气愤地说："我不干了！"说完之后，他感觉痛快许多，因为一肚子的怒火全部发泄出来了！但是，主管却失望地摇了摇头，并对他说："孩子，你知道吗？刚刚这一切，其实是一种训练啊！那叫作承受极限的训练，因为我们每天都在海上作业，随时都可能会遇到危险，因此，工作人员都必须有极强的承受力，才有法子完成海上的作业与任务。"

主管叹了口气说："唉！原本你前面三次都通过了，就差那么一点点，你无缘喝到自己冲泡的好咖啡，真是可惜！现在，你可以走了。”

俗话说：忍字头上一把刀，这把刀让你痛，也会让你痛定思痛。这把刀，可以磨平你的锐气，但也可以雕琢出你的勇气。百忍成钢，当你的心性修炼得有如镜子般明彻、流水般圆韧时，当你切切实实生活在不以物喜、不以己悲的宁静中时，当你发觉胸中不断流动着“虽千万人而吾往矣”般的勇气时，历经千锤百炼，你的刀也就炼成了。忍耐并非懦弱，只因你看得更远，有更大的追求。

与其幻想一夕有成，不如在艰难困苦中忍耐，一旦时机成熟，必然水到渠成。宋人苏轼在《留侯论》中说：“古之所谓豪杰之士者，必有过人之节。人情有所不能忍者，匹夫见辱，拔剑而起，挺身而斗，此不足为勇也。天下有大勇者，卒然临之而不惊，无故加之而不怒。此其所挟持者甚大，而其志甚远也。”

新东方总裁俞敏洪在他的博客里讲过一个关于捡砖头的故事。俞敏洪的父亲是个木工，常帮别人建房子，每次建完房子，他都会把别人废弃不要的碎砖瓦捡回来，有时候父亲在路上走，看见路边有砖头或石块，他也会捡起来放在篮子里带回家。

时间长了，家里的院子就多出了一个乱七八糟的砖头碎瓦堆。直到有一天，俞敏洪的父亲在院子一角的空地上开始左右测量，开沟挖槽，和泥砌墙，用那堆乱砖左拼右凑，建成了一个让全村人都羡慕的院子和猪舍。

当时俞敏洪只觉得父亲一个人就盖了一间房子，很了不起。长大后，俞敏洪才从一块砖头到一堆砖头，最后变成一间小房子中体悟到做成一件事情的全部奥秘。

“一块砖没有什么用，一堆砖也没有什么用，如果你心中没有一个造房子的梦想，拥有天下所有的砖头也是一堆废物；但如果只有造房子的梦想，而没有砖头，梦想也没法实现。”家里穷得揭不开锅的时候，要不急不躁，学会忍耐，继续努力，要积攒足够的砖头来造心中的房子，捡砖头的精神后来就成为俞敏洪做事的指导思想。

罗曼·罗丹曾说：“只有把抱怨别人和环境的心情，化为上进的力量才是成功的保证。”经受别人的考验，提升自身的张力，你才会在人头攒动的人海中脱颖而出。或许你仍在向往一帆风顺，可是面对现实的曲折人生，所谓的一帆风顺只能是心灵的一种慰藉。坚信唯有奋斗不息才能够成为命运的主人，而在这一步步的努力中，你必须学会忍耐。

启示

忍耐不是逆来顺受，不是消极颓废，也不是在沉默中悄然降下信念的帆。忍耐是当一根火柴燃烧到一半的时候，接受另一半炙热的煎熬。学会忍耐，挺起坚强的脊梁，用快乐和潇洒清扫尘灰般的意志，人生不论是低迷抑或是高涨，都将因努力而变得壮美如画。

第7章

用十分的努力换一分的运气

生活中，我们经常说：谁又遇上好运了。你以为运气就那么容易遇到吗？一分运气不知道累积了多少的努力和汗水，在外人看来或许这分运气来得那么突然，但只有努力的人才知道它有多么不容易。

忍受路途的寂寞，就是守候成功

努力，往往是一些细小的事情为成功打下基础。那些细小琐碎的事情充满了单调、乏味和寂寞。当然，事情并无大事、小事之分，不管我们如何努力，总要把事情做完。在平凡的生活中，凡事力求高效、完美，体现服务和奉献精神，我们才能在众人中脱颖而出。所以说，我们应该保持正确的心态，培养承受寂寞的能力。

努力的路上充满了艰苦，而这条路永远都不会一帆风顺。不管是坎坷、无奈，还是寂寞和孤独，都常常伴随在努力者身边。在努力的过程中，当寂寞成为一种内心感受、成为生活的常态时，成功看似很遥远，实际上它已经慢慢到来。在努力的路途中，能忍受寂寞，就是在守候成功。

刘若英在成名之前，也只是一个普通的女孩，一个有梦想的女孩。她的梦想就是站在舞台上唱歌，但是，她的样子很普通，不过这并不能成为阻碍她追求梦想的理由。尽管信心满满，但她依然遭受很多打击，在一名著名音乐人的制作室里，她听到的却是这样的话："你的嗓音和你的相貌一样不漂亮，我看你难以在歌坛里有所发展。"听了这样的话，她感到很伤心，但并不绝望。

她默默地留了下来，即便梦想很遥远，成功很遥远，但她希望能为自己的梦想努力，默默地努力。在公司，她什么杂活都干，端茶、倒水、制作演出时间表、帮其他歌手拿演出服装……身边的人感到不理解，她却笑着说：“我默默地守着，因为这是离我梦想最近的地方。”

终于有一天，刘若英可以微笑地站在自己的舞台上，用并不惊艳但非常温暖的嗓音感动着全世界的人。

努力从来都是伴随着痛苦和寂寞，寂寞是努力路途上所必须承受的。谁又没有遭受过寂寞，谁又没想过摆脱寂寞呢？一旦决定要努力，就需要做好承受寂寞的准备。至少在成功之前，就必须努力，一个人匍匐前行，没有鲜花，没有掌声，没有赞美，甚至还受到一些嘲笑和打击，几乎没有人来关注你这个默默无闻的人。

在成功到来之前，为梦想努力的人不仅过着寂寞的生活，而且要继续努力。有的人难耐寂寞，在半途中就选择了放弃；有的人却将寂寞当成储蓄，一天天的寂寞汇聚成更丰富的财富，永存在自己的人生中。

寂寞是人一生中不可缺少的组成部分，伴随着成长，寂寞一步步进入人们的心里，一天天增强扩散。人只有在努力中煎熬，才会慢慢成熟，眼前也才会出现一道道别样的风景。“古来圣贤皆寂寞，唯有饮者留其名”。唐朝著名诗人李白就是一个懂得享受寂寞的人，他自诩为孤独的行者，自饮自乐，自歌自舞，忍受寂寞，才成就了他“诗仙”的美誉。

启示

在努力的过程中，学会忍受寂寞就是在拒绝诱惑。当对梦想的渴望更强烈，对成功的目标更坚定，承受住寂寞时，那就是走向成功。过早地妥协，只会让自己离成功越来越远。要么为了不寂寞而甘于平庸，要么为了成功而甘于寂寞，人生就是这样，总是带着缺憾的美。没有谁的人生是完美的，为了成功先学会忍受寂寞吧！

负重前行，脚步才不会太飘忽

卢梭曾说：“节制和劳动是人类的两个真正医生。”即使每个人都是块好铁，总得锻炼锻炼才能成钢，就是在你为生存而付出的劳动里，锻炼了一切与理想相关的东西，如自信、尊严、才识和能力。沉重是生活的一部分，你享受生活的欢乐，也要接纳生活的沉重，因为生命中有一些责任是你必须承担的，你必须负重前行，脚步才不会太飘忽。

一个人要想有所作为，首先要从清理思路、改变观念开始。如果本是穷人、新人还要“穷摆谱”，那么机会是不会主动光顾他的。能沉下心来的人，他的思考富有高度的弹性，不会有刻板的观念，能吸收各种信息，形成一个庞大而多样的信息库，这将是他的本钱。

这一年，玛丽从大学毕业，她决定在纽约扎根并做出一番事业来。她的专业是建筑设计，本来毕业时是和一家著名的建筑设计院签了工作意向的，但由于那家设计院在外地，玛丽未经考虑就决定不去。如果去了，她会受到系统的专业训练和锻炼，并将一直沿着建筑设计的路子走下去。一想到以后几十年在一个不变的环境里工作，或许永远没有出头之日，就让玛丽彻底断了去那里工作的念头。

玛丽在纽约找了几家建筑公司，大公司不要没有经验的刚出校门的学生，小公司玛丽又看不上，无奈只好转行，到一家贸易公司做市场销售。一段时间后，由于业绩得不到提高，身心疲惫的玛丽对工作产生了厌倦情绪。心高气傲的她觉得如果自己单干肯定会更好，于是她联系了几个朋友一起做建材生意。本以为自己是“专业人士”，做建材生意有优势，可是建筑设计与建材销售毕竟是两码事，不到一年，生意亏本了，朋友们也因利益关系闹得不欢而散。

无奈之下的玛丽只好再换工作，挣钱还债。由于对工作环境不满意，几年下来，她先后换了几次工作，玛丽对前途彻底失去了信心。现在专业知识已忘得差不多了，由于没有实践经验，再想做几乎是不可能了。玛丽虽然工作经验丰富，跨了好几个行业，可是没有一段经历能称得上成功……现实的残酷使玛丽陷入很尴尬的境地，这是她当初无论如何也没想到的。

“这山望着那山高”的想法切不可有，如果你忽略了理想必须扎根在现实的土壤里的话，结果只能被理想和现实同时抛弃。学会沉下心来，因为你在人生的过程中会看到许多山峰，但你不可能翻越每一座山峰，得到所有美好的东西。命运对任何人都是公平的，当你为没有得到而苦恼时，还是仔细想一下自己将会失去什么吧！

20世纪70年代初，美国麦当劳总公司看好中国台湾市场，准备正式进军台湾地区。它们需要在当地先培训一批高级管理人员，于是公开招考甄选。因为要求的标准颇高，很多有志的青年企业家都未通过。

最后，经过一再挑选，一位叫韩定国的公司经理脱颖而出。最后一轮面试，麦当劳总裁与韩定国夫妇谈了三次，而且问了他一个出人意料的问题：“如果我们要你去洗厕所，你会愿意吗？”

当时，韩定国在企业界已经小有名气，要他去洗厕所，岂不太侮辱人了吗？他还在深思时，一旁的韩太太幽默地回答：“我们家的厕所一向都是他洗的！”

麦当劳总裁一听非常高兴，当场拍板录取了韩定国。麦当劳总裁认为一个成功的企业家不仅要能干大事，而且小事也应干得很利索。

韩定国后来才知道，麦当劳训练员工的第一课就是从洗厕所开始，因为服务业的基本理念是“非以役人，乃役于人”，只有先从卑微的工作开始做起，才有可能了解“以客为尊”的道理。

洗厕所的工作只是麦当劳正常的员工培训内容之一，不分种族肤色，在世界范围内通行。中国的大男人韩定国一开始却难以接受，更是把它严重化，上升到“折辱”的境地。这大可不必，做些清洁善后工作也是应尽的责任，一个人的层次，并不是由做不做这些小事来界定的。

许多人在步入社会的初期都拥有远大的抱负，一心只想一鸣惊人，而不去做埋头耕耘的工作。等到忽然有一天，他看见比他起步晚的，比他天资差的，都已经有可观的收获，他才惊觉到自己这片园地上还是一无所有。这时他才明白，不是上天没有给他理想或志愿，而是他一心只等待丰收，忘了播种。

启示

古人说：“唯有埋头，乃能出头。”种子如不经过在坚硬的泥土中挣扎奋斗的过程，它将止于是一粒干瘪的种子，而永远不能发芽成长成一株大树。沉下心做事，就是要面对现实，面向未来，顺从规律，服从大势，不做拔苗助长的蠢事，不干明天后天才有可能做的蠢事。扎扎实实，一步一个脚印地走；循序渐进，一步一步登上事业的巅峰。

迈着坚定的步伐，义无反顾地向前走

古人云："锲而舍之，朽木不折；锲而不舍，金石可镂。"一个人只要有恒心，迈着坚定的步伐，义无反顾地向前走，最终会沐浴到胜利的光辉。如果你去过乡下，有幸看到有屋檐的老房子，那你就能明白其中的很多道理。在乡下，屋檐之下是石头砌成的平台，而屋檐上是瓦片铺盖而成的屋顶。

每当下雨的时候，天上的雨水降落下来，落在屋檐上，那水珠就顺着瓦檐流下来，好像珠子串成的帘子一样，而顺着水珠滴落的地方，经过这样长年累月的打磨，那坚硬的石头竟然出现一些小坑洼。那是多么神奇的力量，柔弱的水珠，竟然可以将石头滴穿？其实，不要为此感到惊讶，因为这就是"滴水穿石"的真实现象。

唐代诗人李白，幼年时喜欢读经书、史书，但那些书都十分深奥，他一时读不懂，便觉得枯燥无味，于是，他索性丢下书，逃学出去玩。

有一次，他一边闲游闲逛，一边东瞧西看。这时他看见一位老奶奶坐在磨刀石旁边的矮凳上，手里拿着一根粗大的铁棒子，在磨刀石上一下一下地磨着，满脸是专注的神情，以至于李白在她旁边蹲下都没有察觉。李白不知道老奶奶在干什么，便好奇地问："老奶奶，您这是做什么呢？"老奶奶头也没抬，简单地回答说："磨针。"然后依旧认真地磨着手里的铁棒，李白觉得不明白，惊讶地问："磨针？"老奶奶手里磨着的明明是一根粗铁棒，怎么会是针呢？

看了一会儿，李白忍不住问："老奶奶，针是非常非常细小的，而您磨的是一根粗大的铁棒呀！"老奶奶一边磨一边说："我正是要把这根铁棒磨成细小的针。""什么？"李白有些意想不到，他脱口就问，"这么粗大的铁棒能磨成针吗？"这时候，老奶奶才抬起头来，慈祥地望着李白，说："是的，铁棒子又粗又大，要把它磨成针是很困难的，可是我每天不停地磨呀磨，总有一天，我会把它磨成针的，孩子，只要功夫下得深，铁棒也能磨成针呀！"

小李白的悟性很高，听了老奶奶的话后，一下子明白了很多。他心想：对啊，做事情只要有恒心，天天坚持去做，什么难事都是能够做成的。读书也是这样，虽然有不懂的地方，但只要坚持多读，天天读，总会读懂的。想到这里，李白感到很惭愧，于是，他拔腿就往家里跑，重新回到书房，翻开原来读不懂的书，认真地读起来。

“铁棒磨成针”和“滴水穿石”的道理是一样的，李白正是靠着这样的耐力，攻读百书，才铸就了后来的诗仙美名。在生活中，不管我们遇到多大的难事，都不要畏惧、退缩，而是勇敢地向前进，每天努力一点点，长年累月，累积起来的力量足以干成任何大事。哪怕是一点点的力量，经过时间的打磨，也会蜕变成一股强大的力量，而这正是推动我们走向成功的力量。

小时候的童第周有着较强的好奇心，他看到不懂的问题往往要拉住父亲问个明白，父亲每次都不厌其烦地给他讲解。

有一天，童第周看到屋檐下的石阶上整整齐齐地排列着一行小坑，他觉得非常奇怪，琢磨半天也弄不明白是怎么回事，便去问父亲：“父亲，那屋檐下石板上的小坑是谁敲出来的？是做什么用的呀？”父亲看到儿子这样好奇，高兴地说：“这不是人凿的，这是檐头水滴下来敲的。”小童第周感到更奇怪了，水还能把坚硬的石头敲出坑吗？父亲耐心地解释说：“一滴水当然敲不出坑，但是天长日久，点点滴滴不断地敲，不但能敲出坑，还能敲出一个洞呢，古人不是常说‘滴水穿石’嘛，就是这个道理。”

父亲的一席话，在小童第周的心里激起了一阵阵涟漪，他坐在屋檐下的石阶上，望着父亲，似懂非懂地点点头。在家里，由于农活比较多，童第周对学习失去兴趣，不想读书了。这时父亲耐心地开导童第周说：“你还记得滴水穿石的故事吗？小小的檐水只要长年坚持不懈，就能把坚硬的石头敲穿，难道一个人的恒心还不如檐水吗？学知识也是靠一点点积累，坚持不懈才能获得成功。”同时，为了更好地鼓励童第周继续上学，父亲书写了“滴水穿石”这四个大字赠给他，并充满期望地说：“你要把它作为座右铭，永世不忘。”

生活中，做任何事情都需要一个过程，一点点累积，就足以凝聚成一股巨大的力量。如果你放松了平日的努力，只靠临时抱佛脚，那将注定是失败。那些在平日里不断努力却没有得到回报的人，心里总是抱怨：为什么上天不公平呢？

其实，上帝给予我们的都是公平的，如果你努力了却还没有得到回报，那只是因为还没到时机，因为时间就是最好的见证者，它见证了你一点点的努力，最后，它也将见证你的成功。

启示

大自然的这些神奇力量一样可以引申到我们的生活中，那些可以忽略不计的力量，如果将它们一点点凝聚起来，该是多么大的力量。不论是做人还是做事，我们都需要坚信水滴石穿的真理，坚守时间的打磨，终有一天，我们能够顺利地采摘成功的果实。

沉寂的时光磨不去坚定的志向

许多人都知道蝴蝶的蜕变过程，先是虫卵，然后等春天来了，出来了毛毛虫、菜青虫之类的虫子，这时基本上都是害虫，它们生长一段时间以后成熟了，就开始吐丝结茧，再过一段时间就会变成“翩翩起舞”的蝴蝶。

在万花丛中，我们看蝴蝶，那美丽的翅膀抖动着，那亮丽的花纹在阳光的照射下更是熠熠生辉。可是，我们在赞叹蝴蝶美丽的同时，是否想到它蜕变背后的艰辛呢？它们在最痛苦的时候，依然没有忘记蜕变这个志向。

蝴蝶的蜕变是需要代价的，它所承受的代价是蜕变的苦痛、等待的焦躁、忐忑不安的心境，这些都是蝴蝶在蜕变之时所承受的苦痛。其实，人何尝不是一样呢？如果你想要成功，那就必须经历一个煎熬的过程，就好像蝴蝶蜕变一样，刚开始可能你只是一个什么都不会的毛头小伙子，后来慢慢开始有了想法，开始去尝试，尝试之后是失败，失败了再尝试，在忍受无数次失败的痛苦之后，你才可能迎来成功，然而，在这个过程中，你更需要忍受，坚持自己的志向。

华人导演李安执导的影片《理智与感情》被列入了“影史伟大的100部英国电影”榜单。回望李安的成功，就好像一次生命的蜕变，但在这个过程中，他付出了巨大的代价。内敛和害羞的李安曾说："我天性竞争性不强，碰到竞赛，我会退缩，跟我自己竞争没问题，要跟别人竞争，我很不自在，我没那个好胜心，这也是命，由不得我。"这个信命的男人，却以自己强韧的耐心完成一次华丽生命的蜕变，从一个普通的男人蜕变成为响彻国际的大导演。

虽然，李安毕业时的作品《分界线》为他赢来了一些荣誉，但毕业之后，他没有找到一份与电影有关的工作，只得赋闲在家，靠妻子微薄的薪水度日。

那段日子算是李安的蛰伏期，他为了缓解内心的愧疚，不仅每天在家里大量阅读、大量看片、埋头写剧本，而且包揽了所有的家务，负责买菜、做饭、带孩子，将家里收拾得干干净净。他偶尔也会帮人家拍拍片子、看看器材，做点剪辑处理、剧务之类的杂事，甚至还有一次去纽约东村一栋很大的空屋子帮人守夜看器材。在这段时间，他仔细研究了好莱坞电影的剧本结构和制作方式，试图将中国文化和美国文化有机地结合起来，创造一些全新的作品。

后来，李安回忆起这段日子的煎熬生活，依然十分痛苦："我想我如果有日本男人的气节的话，早该切腹自杀了。"就这样，在拍摄第一部电影之前，他在家里当了6年的家庭主男，练就了一手好厨艺，就连丈母娘都夸奖："你这么会烧菜，我来投资给你开馆子好不好？"

蛰伏了一段时间之后，李安出山了，他执导自己的第一部电影《推手》，紧接着，他内心对电影艺术的狂热就好像终于等到发泄口一样，一部接着一部，部部片子都是经典，都为其成功奠定了扎实的基础。

就这样，李安完成了一次华丽的生命蜕变。

一个对电影怀有理想和希望的男子，却甘愿在家里做了6年的“煮夫”，这需要何等的耐心呢？就连李安自己也自嘲说：“我想我如果有日本男人的气节的话，早该切腹自杀了。”在那段煎熬的日子里，他不断蛰伏着，就好像蝴蝶在蜕变之前所经历的一切，忍受着寂寞与孤独，忍受着枯燥和痛苦，却始终没能忘记自己的志向。总算等来了那一天，终于，他成功了，虽然，蜕变的代价是巨大的，但他忍受了过来，现在的他，只需要轻轻地努力就可以采摘成功的果实，生活对于他，也从来都是公平的。

帕格尼尼的人生是充满苦难的：在他4岁时，一场麻疹和强直性昏厥症，差点要了他的命；7岁时，他又患上了严重的肺炎，不得不进行放血治疗；46岁时，他的牙床突然长满脓疮，只好拔掉几乎所有的牙齿；牙病刚刚好，他又染了上可怕的眼疾，幼小的儿子成了他手中的拐杖；年过半百后，关节炎、肠胃炎等多种疾病又时刻吞噬着他的肌体；后来，他的声带也坏掉了，只能靠儿子根据口形翻译他的思想；57岁时，口吐鲜血而亡；死后，尸体也备受折磨，先后搬迁了8次！

但是，面对人生中的这么多苦难，帕格尼尼并没有沉沦，他不仅用独特的指法、弓法和充满魔力的旋律征服了整个世界，而且发展了指挥艺术，创作出《随想曲》《无穷动》《女妖舞》和6部小提琴协奏曲以及许多闻名世界的吉他演奏曲。可以说他是一位善于用苦难的琴弦将天才演奏到极致的奇人。

听到帕格尼尼的悲苦演绎之后，李斯特大喊："天哪，在这4根琴弦中包含着多少苦难、痛苦和受到残害的挣扎着的生灵啊！"在追求事业的过程中，忍耐是不可避免的，但我们每个人都有自己的选择，有的人选择抱怨，有的人选择自暴自弃，有的人选择隐忍、奋进。

很多时候，我们已经忘记还有一种东西——耐心，当我们保持顽强的耐心，再沉寂的时光也会让我们变得坚定，成功也就是指日可待的事情了。

启示

任何一次成功的背后，必定是百转千回的磨砺和痛苦，甚至是一次痛苦的蜕变，所以说，成功是需要耐心的，需要更顽强的耐心，哪怕再沉寂的时光，也不要磨灭自己的志向。沉寂的时光磨不去坚定的志向，它只会成为我们努力奋发的见证者。甘受寂寞和孤独，我们才能迎来成功的曙光。

贪图享乐是厄运的源头

在物理学上，上坡需要消耗一定的能量，上升到一定的高度，蓄积一定的势能，但是，势能一旦释放就会转变成动能，会成为下坡的动力，这就是我们常说的“下坡容易上坡难”。

其实，人生也有上坡与下坡，上坡可以比喻为“学好的过程”，下坡则可以比喻为“学坏的过程”，而最终形成的规律就是“学坏容易学好难”。

俗话说：“学好千日不足，学坏一日有余。”坏习惯、自由散漫一学就会，而严守纪律、严格约束自己则要困难得多，这个规律就被称为“下坡容易定律”。

这个定律提醒我们：要想成为一个有用的人，要想有所作为，就一定要严格要求自己，付出艰辛的努力；假如我们习惯于贪图享乐，就很容易使自己变得懒散堕落，最终一事无成，甚至有可能会步入歧途。

贝利在小时候参加了一次激烈的足球赛，比赛结束之后，贝利累得喘不过气来。休息的时候，贝利向小伙伴要了一支烟，他得意地从嘴里吐出一缕缕淡淡的烟雾，贝利有点陶醉了，似乎刚才的疲劳也随之消失了。然而，这一切全被父亲看见了，父亲的眉头皱得很紧，晚上，父亲问贝利：“你今天抽烟了？”贝利意识到自己做错了事情，低声回答：“抽了。”

不过，父亲并没有发火，他在屋里走了好半天，才平静地对贝利说：“孩子，你踢球有几分天资，也许将来会有出息，可惜，你现在要抽烟，抽烟会损坏身体，使你在比赛时发挥不出应有的水平。”小贝利涨红了脸，头埋得更低了，父亲接着说：“作为父亲，我有责任教育你向好的方面努力。也有责任制止你的不良行为，但是，是向好的方向努力，还是向坏的方向滑去，你自己才能做决定。我只想问问你，你是愿意抽烟呢？还是愿意做个有出息的运动员呢？孩子，你该懂事了，自己选择吧！”说着，父亲掏出一沓钞票放在桌上，说道：“如果你不愿意做个有出息的运动员，执意要抽烟的话，这点钱作为你抽烟的钱吧！”说完，父亲就走了出去。贝利望着父亲远去的背影，回味着父亲恳切的话语，他难过地哭了。突然，贝利拿起桌上的钱跑出去还给了父亲，他坚决地说：“爸爸，我再也不抽烟了，我一定要做个有出息的运动员。”

贝利开始走向上坡路，通过刻苦训练，贝利的球技突飞猛进，15岁参加桑托斯职业足球队，16岁进入巴西国家队，被人们称为“黑珍珠”。

在生活中，我们要经常检查自己、督促自己，改正自己的不良习惯，严格要求自己，不断地完善自我，最终成就自我。在人生的道路上，我们会面对各种不同的挑战，但是，我们最大的敌人并不是别人，而是自己。我们更要勇于挑战自我，一旦察觉自己有走下坡路的趋势，一定要及时刹车，努力改正坏习惯，这样我们才有足够的能量踏上“上坡路”。

对于约翰尼·卡特来说，即使自己的梦想实现了，但是，人生的挑战还没有结束，在几年的巡回演出过程中，卡特的身体被拖垮了。每天晚上，卡特都需要借助安眠药才能入睡，而且需要服用“兴奋剂”来维持第二天的精神状态。逐渐地，卡特沾染上坏习惯，酗酒、服用催眠镇静药和刺激兴奋药物，坏习惯越来越严重，导致他对自己失去了控制能力，在以后的日子里，他不是在舞台上就是在监狱里。

有一次，卡特从一所监狱刑满出狱的时候，一位行政司法长官对他说：“约翰尼·卡特，今天我要把你的钱和麻醉药还给你，因为你比别人更明白你能充分自由地选择自己想干的事，这是你的钱和麻醉药，你现在就把这些药片扔掉吧，否则，你就去麻醉自己、毁灭自己，你自己做出选择吧！”卡特一瞬间醒悟了，他选择了生活。他找到私人医生，痛下决心戒掉坏习惯，医生不太相信他：“戒毒瘾比找上帝还难。”卡特坚信“一定能找到上帝”，他开始了漫长的戒毒之路，卡特将自己锁在卧室闭门不出，忍受着巨大的痛苦。当时，在卡特面前有麻醉药的引诱，有奋斗目标的呼唤，卡特选择了奋斗。漫长的9个星期过去了，卡特回归了久违的生活。重返舞台，成为一名著名的灵魂歌手。

一个人想要征服世界，首先要战胜自己。在日常生活中，我们很容易就会陷入自我的泥潭而无法自拔，沾染上一些坏习惯，整个人变得颓废不堪。

学坏总是那么容易，而要想学好却是难上加难，为了避免自己一不小心走“下坡路”，我们应该时刻警惕自己的行为，努力走向上坡，欣赏别样的风景。

人一旦没有约束，就会不断地放纵自己，直到毁灭的那一天。生活对于我们而言，每天都充斥着未知的诱惑，可能是金钱与地位，可能是享乐与欲望，但是，当我们开始的时候，是否察觉到人生已经开始走下坡路了呢?

启 示

哲人说：“贪图享乐是厄运的源头，控制好自己的欲望，做好自己的事情，才能平平安安地度过自己的人生之旅。”所以，我们要随时警惕自己的行为，不要让自己踏上贪图享乐之路。无论是欲成大事者，还是一个普通的人，在任何情况下都不要放纵自我。

适时自省，不断完善自己

我们若想征服世界，就需要适时自省，不断完善自己。人生就是一个不断完善和超越自我的过程，即使我们不可能凡事做到尽善尽美，但是，我们应该努力让自己更好一点，努力去追求完美。只有向前努力了，生活才会给予我们相同的回报。一个人最大的敌人就是自己，要想战胜自己，首先就要学会自省。

曾国藩在30岁左右的时候，给自己制订了严格的修身计划，曰“日课十二条”，主要包含以下内容：

主静：无事时整齐严肃，心如止水；应事时专一不杂，心无旁骛。

静坐：每日须静坐，体验静极生阳来复之仁心，正位凝命，如鼎之镇。

早起：黎明即起，绝不恋床。

读书不二：书未看完，绝不翻看其他，每日须读十页。

读史：每日至少读二十三史十页，即使有事亦不间断。

谨言：出言谨慎，时时以“祸从口出”为念。

养气：气藏丹田，修身养性。

保身：节劳节欲节饮食，随时将自己当作养病之人。

日知其所亡：每日记下茶余偶谈一篇，分为德行门、学问门、经济门、艺术门。

月无忘所能：每月作诗文数首，不可一味耽搁，否则最易溺心丧志。

作字：早饭后习字半小时，凡笔墨应酬，皆作为功课看待，绝不留待次日。

夜不出门：临功疲神，切戒切戒！

年轻的曾国藩相信，所谓本性不能移完全是虚妄之语，他认为人的品行是可以通过自省来改变的。在这方面，曾国藩以自己的实际行动表明，一切都需要脚踏实地。他曾记载了这样一件小事：在一个月中有三天未能早起，于是，便谴责自己，谴责自己是禽兽，是懒鬼。同时，他还把自己睡懒觉、不愿意起床的那一刻的想法记载下来。他说："我以为别人不知道，我睡懒觉就睡懒觉，可清醒之后便想：难道仆人不是人吗？难道仆人就见不到我睡懒觉吗？既然天知、地知、别人也知，那我为何还这么虚伪呢？"对自己立下的志向，他就是这样通过自省来鞭策自己的。

在美国有位很有钱的富翁，但是，他却得不到别人的尊重，为此，他很苦恼，每天都想着如何才能得到他人的敬仰。一天，富翁在街道上散步，看到旁边有一个衣衫褴褛的乞丐，他心想自己的机会来了。于是，富翁便在乞丐的破碗中丢下了一枚金币。可是，乞丐却头也不抬，只顾忙着捉虱子，富翁感到很生气："你眼睛瞎了吗？没看到我给你的金币？"乞丐还是没有正眼瞧他，回答说："给不给是你的事，不高兴你可以要回去。”富翁很生气，又丢了10个金币在乞丐的碗中，心想这一次乞丐一定会跪着向自己道歉，却不料，那个乞丐还是不理不睬。

富翁几乎要跳起来了，他咆哮道：“我给你10个金币，你看清楚，我是有钱人，好歹你也尊重我一下，道个谢你都不会？”乞丐懒洋洋地回答：“有钱是你的事，尊不尊重则是我的事，这是强求不来的。”富翁一下子着急了：“那么，我将我的一半财产分给你，能不能请你尊重我呢？”乞丐翻着白眼看着他，说：“给我一半财产，那我不是和你一样有钱了吗？为什么要我尊重你。”一着急，富翁说道：“好，我将所有的财产都给你，这下你可愿意尊重我了吗？”乞丐回答道：“你将财产都给我，那你就成了乞丐，而我成了富翁，我凭什么要尊重你？”富翁一下子好像明白了什么，他抓住乞丐的手，真诚地说了一句：“谢谢你！”乞丐也改变了之前的态度，正眼看着富翁说：“不用客气，您请慢走。”

一个不懂得自省的富翁，也可以被一无所有的乞丐嘲笑，那是因为他在不断的自我膨胀中忘记了尊重他人。一个成功者要善于进行广泛的学习，用那些学到的东西来检查自己的言行，遇到事情才不会糊涂，自己的行为才不会有什么过失。

自省是我们认识水平不断进步的动力，自省是对我们的言行客观评价的标尺。现代社会是不断变化的，我们与周围的一切都有着息息相关的联系，过去和未来都将与环境有着密切的关联。

对此，我们在处世之中都需要有正确的定位，这将决定着我们以后的一切，成败在此一举，所以，对于每个人而言，自省都是非常有必要的。

启示

在生活中，每个人都不是完美的，个体上都有缺陷，智慧上也有不足之处。特别是一些年轻人，社会阅历浅，做事缺乏经验，容易出错，说话容易得罪人，这时就应该进行自我反省。通过自省，可以历练自己，让自己更富有敏锐的洞察力，更加能清楚地认识自己。

第8章
优秀的人总努力做自己

人们都有这样一种普遍的心理：风景自然在别处，总感觉自己不够完美，于是开始盲目模仿别人，认为这样自己就可以变得优秀了。其实，优秀的人总努力做自己，因为别人已经有人做了，只有自己才是最独特的。

寻找比自己优秀的人做榜样

一个人如果想取得一番成就，实现心中的梦想，就必须下决心克服自己身上的那些弱点和缺点，尽可能弥补缺陷，修炼自己的心灵，完善自己的人格，才能成就人生的理想和事业。每个人都有另外一个我，深深地藏在心中而不为人知，这就是真实的自己。如果人们想找回真正的自己，需要不断完善自己，克服弱点，这样才能真正成为自己。

对于我们而言，结交什么样的朋友，对我们的一生是十分重要的。中国有句古话："近朱者赤，近墨者黑。"这句话说明了朋友对一个人的影响，假如我们想了解自己的朋友，可以通过一个正在与他交往的人去了解他。例如，一个饮食有控制的人不会和一个酒鬼混在一起；一个举止优雅的人不会和一个行为粗鲁的人交往；一个洁身自好的人不会跟一个自甘堕落的人交朋友。好的朋友就好比一个良好的环境，可以让我们自己也变得好起来。

想征服世界，就需要进行不断的自我完善。人生就是一个不断完善和超越自我的过程，即使我们不可能凡事做到尽善尽美，但是，我们应该努力让自己更好一点，努力去追求完美。只有向前努力了，生活才会给予你相同的回报。俗话说："尺有所短，寸有所长。”我们只有真正了解自己的长处与短处，才能避己所短、扬己所长，这样才能给自己的人生进行准确定位。因为，当我们认识到自己的不足之处时，不断完善自己的同时，也就是进步的开始。

在美国第一任总统华盛顿的纪念碑旁竖着一块小石头，上面这样写着：“美国不建立贵族和皇室封号，也不要世袭制度，国家事务概由人民投票公决。”这几句话表达了美国人民追求民主、自由、幸福的强烈内心愿望，即使美国已经完全独立了，但它依然需要人民的支持与监督。在生活中，我们每个人都有自己的不足之处，只有不断地学习别人的长处，弥补自己的不足之处，我们才能改进自己的缺陷，努力让自己更好一点。当然，如果你总是感觉完善自己、向他人学习是一件丢脸的事情，那么，更丢脸的是自己不明白却装作很懂的样子。

在这里，并不是说那些看起来比我们稍逊一筹的人就很差，其实，每个人身上都有值得别人学习的地方。不过，那些优秀的人更值得我们去学习，他们之所以优秀，是因为身上有一些常人没有的闪光点，那才是我们学习的关键之处。

俗话说：“三人行，必有我师焉。”优秀的朋友可以帮助我们进步，他们的智慧、知识、能力等方面的长处可以成为促使我们前进的能量和源泉，从而让我们获得一些终身受益的东西。单独的一个人可能灭亡的地方，两个人在一起可能得救。

希拉里善于为自己创造一个良好的环境，那就是认识比自己更优秀的人。当大多数女生都与自己水平相近的朋友在一起对明星或者男生、美食或者时尚津津乐道、消磨时光的时候，希拉里却在和哈佛高才生们就政治、理念、时事等各类深刻的问题展开激烈的讨论和辩论。事实证明，这一招是管用的，因为我们可以从那些优秀的人身上学到更多的东西。

假如我们想受到良好的影响和明智的指导，谨慎地运用自己的自由意志，那我们就在身边寻找比自己优秀的人作为自己的榜样，努力去模仿他们。与比自己优秀的人交朋友，就会从中吸取营养，使自己得到长足的发展。

如果一个人只看到了别人的缺点，却看不到别人的长处，对于这样的人，乞丐也不会尊重他。哪怕是一个乞丐，在他身上也同样有值得我们学习的地方。自我完善就是一个不断学习的过程，只要我们善于学习，能看到别人的长处，懂得取他人所长补己之短，努力使自己更好一点，那么，总有一天会成为一个成功者。

在生活中，无论遇到什么样的人，也不管是比我们更优秀的人还是比我们稍逊的人，我们都应该主动去倾听对方的想法和建议。在这一过程中，我们会发现自己总是能够从别人的意见中受到启发，能够学到一些利于自己成长的经验。我们永远要记住“山外有山，天外有天”，对方身上可能有着自己没有的优点，而虚心地学习对方的长处，能够弥补自己的不足，从而完善自己。

没有人在生活达到某一点时就表示自己已经满足了，由于不断超越自己，所以赢得了最后的成功。如果我们总是自满自足、不思进取，那么无论是生活还是人生就将从此衰落。

启示

每天早上起床时，我们都要下决心力求在每一件事上比昨天要有所进步。当我们把事情做得比昨天更好些，在傍晚回家或者到了其他地方，我们就可以默默地为自己鼓掌。就这样，每天向前走几步，一段时间过去之后，我们就会发现，自己取得了惊人的进步。

自律的人更容易沉下心来看这个世界

生活中，有多少人能够很好地控制自己呢？想必很多人都无法肯定地回答说："我自控力很好。"自控能力，就是一个人控制自己思想感情和举止行为的能力。人之所以区别于动物的根本点之一，在于人是有思想的，所以能够按照一定的目的，理智地控制自己的感情和行动。

自控是一种力量，自控让一个人头脑冷静、判断准确。当然，自控的人充满自信，同时也更容易赢得别人的信任。只要一个人可以下定决心，那么决心就会为其自制行为提供力量与后援，可以支配自我，控制情感、欲望和恐惧心理的人，他们往往更容易获得成功，取得更有价值的进步。

一个人应该控制自己的情绪，尤其是当生气的因子在大脑里奔涌时，这时控制自己的思想和言语是多么的困难。自控力稍差的人就会沦为情绪的奴隶，负面情绪席卷而来，不仅让自己烦躁，也会给身边的人带来不好的影响。无法完全控制和主宰自己的人，命运不是掌握在他自己的手里。

一个人可以做到自我控制的秘密源于其思想，常常在大脑里思考的东西会慢慢地渗透到生活的角落里去。假如我们成为自己思想的主人，就能够控制自己的思维、情绪和心态，那么，就能够控制生活中可能会出现的情况。

生活中，许多人总是想得太多，做得太少。为了既定目标，我们需要在一个时间段内把最大的精力投入合适的事情上，而这个过程要求我们保持高度自律，同时对其他的选择说“不”。大部分人提到自律，总是有一种厌恶情绪，这意味着没有自由。其实，自律是自由的。

人的自制力在一定程度上取决于他们的思想素质。一般来说，具有崇高理想抱负的人决不会为区区小事而感情冲动或产生不良行为。因此，要提高自制力最根本的方法是树立正确的人生观、世界观，保持乐观向上的健康情绪。一般来说，一个人的文化素养同其承受能力和自控能力成正比。文化素质比较高的人往往能够比较全面正确地认识事物，认识自我和他人的关系，自觉地进行自我控制、自我完善。

用合理发泄、注意力转移、迁移环境等方法，把将要引发冲动的情绪宣泄和释放出来，从而保持情绪稳定，避免冲动。遇事要沉着冷静，自己开动脑筋，排除外界干扰或暗示，学会自主决断。要彻底摆脱那种依赖别人的心理，克服自卑，培养自信心和独立性。

要培养自己性格中意志独立性的良好品质，对自己奋斗的目标要有高度的自觉性。只要是经过自己的实践认准的事，就义无反顾地走下去，想方设法达到预期目的。不必追求任何事情都做得十全十美，不必苛求自己没有一点失败，不必过多地注意别人怎样议论自己。当多种需要不能同时兼顾时，抑制一些不可能实现的需要。如古人所云："鱼我所欲也，熊掌亦我所欲也，二者不可得兼，舍鱼而取熊掌也。"俗话说："凡事预则立，不预则废。"平时注意经常思考问题，增强预见性，关键时刻才能及时、果断、准确地做出选择。

有自律精神的孩子，更容易走向成功。生活中，那些不自律的人就是情绪、欲望和感情的奴隶。自律是一种高贵的品质，意味着为一个伟大的目标努力和付出，意味着为了自己所珍视的东西放弃眼前的一些诱惑。因为自律，会让你拥有一颗强大而丰富的内心，面对任何事都能够冷静自若地处理。

富兰克林制作了一本小册子，在每一页都写上一种美德的名称。每一页上用红墨水笔画出7直行，一星期中每一天占一行，每一行上端注明代表星期几的一个字母。再用红线将直行划分成13个横格，在每一个横格的左边注明代表每一种美德的第一个字母。每天他检查自己在哪一方面有过失，便在那一天该项德行的横格内打上一个小黑点。他决定每一个星期对某一种德行给予特别密切的注意，预防有关方面的极其微小的过失。这样，“在几个循环之后，在13个星期的逐日检查后，我会愉快地看到一本干净的册子了”。

在知乎上流传着这样一句话：以大多数人的努力程度，根本轮不到去拼智商。事实上，自律才是成功的敲门砖。所有成功的人都非常聪明吗？当然不是，智商极高和极低的人均是少数，智力中等或接近中等的人，约占全部人口的80%。而成功人士身上有一种共同的优秀品质，即超强的自律能力。

养成自律的习惯，需要正确认识自己，需要决定什么行为能够最好地反映你的目标和价值，这个过程就需要自省和自我分析，做一个准确的自我认识。如果你每天浑浑噩噩，甚至不知道该干什么，又如何养成自律的习惯呢？自律比较花时间，但需要我们意识到自己不自律的行为。当自律遭受挑战的时候，需要给自己一些心理暗示，鼓励自己并让自己放心。提醒自己：自律的代价总是要比后悔的代价低。牢记这句话，每当不自律的时候提醒自己，这会改变你的生活。

自律并不是一种精神上的枷锁和镣铐，而是一种寻求内心平衡的最佳方式。或许你觉得自律的生活非常无趣，其实并非如此，自律的人更容易沉下心来看这个世界，进行冷静的思考。他们对世界、生命、自我有更丰富的理解。

利用好时间碎片，让生活锦上添花

碎片化时代的来临，导致时间出现碎片化，在繁忙的工作之余、疲惫的生活之余，有一些没有安排工作、没有被计划、零散的、规律性较差的时间，就是我们所说的碎片化时间。信息时代，注意力也可以成为新一轮经济热点。这源于互联网技术和电子终端的普及。我们每天总是被海量信息包围，应对手机、电脑、平板和无处不在的广告带来的信息冲击，不管是热点新闻、娱乐八卦、学习培训，还是网络社交，都不断地牵扯着我们有限的注意力。

上班、学习、社交、看新闻、刷朋友圈、娱乐休闲，不管是工作还是生活，即便在公交车上也要刷5分钟的朋友圈，好像永远有做不完的事情。虽然每天忙碌不堪，但收获不多，沉淀不够。人们的注意力不断被转移和分配，我们对时间的感知也变了，时间被碎片化了。

激活流失的碎片时间，零存整取。试着去注意日常生活中的这些小碎片，把握住你的时间。时间碎片不能去创造也无法消除，时间块才是成事根本。不能因为时间碎片的“香”而忘记了解决温饱问题的是时间块，否则就会舍本求末。集中利用好时间块，有意识地去利用好时间碎片，会让你的时间管理锦上添花。

现代社会，已经进入信息碎片化时代，碎片化学习、碎片化阅读、碎片化生活日益成为热门话题。时间的碎片化改变了学习、工作和生活习惯，对时间管理提出新的挑战。

碎片化时间有些是长期存在的，如上下班的通勤时间，这是两个任务之间的缓冲，这是客观形成的。还有部分碎片化时间是人为造成的，如本来应该一个小时完成的工作，但一会儿接电话，一会儿回短信，一会上厕所，结果一个小时被人为地切割成小碎片，这不仅影响了工作效率，还会让自己焦躁不安。

当然，对个人而言，碎片化时间是存在差异的，有人集中在白天，有人在晚上，有的甚至会出现周期性变化。但是，别小看这些小块时间，可塑性是极强的，特别是那些人为制造的碎片化时间，按照某种顺序或规律，完全可以组合成一段可以利用的时间。

尽管时间碎片化让我们变得焦虑不安，但需要适应并坦然接受。当然，利用碎片化时间的目的是使时间价值最大化，不过价值需求是因人而异的，有人利用碎片化时间来放松心情、调节状态，有人用来学习知识，有人用来社交。所以，要明白碎片化时间对自己的意义，才有机会对其进行挖掘。

根据自己的实际情况，分析其分布规律，是早上、下午或晚上，或周末节假日。梳理好自己的碎片化时间，安排自己在这些时间里做些什么，尽量避免其他事情转移注意力。假如短期的碎片化时间缺乏规律，那就拉长时间具体分析，找到其中的规律。

时间碎片化是一种现象，但并非不可控。很多时候，我们需要关注的是自己，而不是时间，管理好自己的注意力，才能更好地利用碎片化时间，按照个性需要，制定高效碎片化时间利用策略，发挥碎片化时间最大的价值。

启示

我们需要避免人为制造碎片化时间，以提高工作效率。在自己注意力最集中、效率最高的时间段做最重要的事情。可以在碎片化时间里看新闻、看视频、听音乐、在线听课，这些内容时间短、灵活性强，分阶段学习对效果影响较小。

欲望无边境，一切适可而止

每个人都有这样或那样的欲望，有的人喜欢权力，有的人喜欢金钱，有的人喜欢幸福，有的人渴望快乐。在他们的生活中，缺少什么他们就渴望什么，而且这样的欲望是惊人的。因为欲望本身的特点就是难以满足，不断地循环下去，欲望越滚越大，最终扭曲了人的内心，使人成为欲望的奴隶。欲望无边境，一切适可而止吧。

人生就是一次奇怪的旅程，有的人跌跌撞撞，在人生中迷失了方向；有的人怡然自乐，微笑面对生活，把握了人生的幸福。也许，你会感到疑惑，怎么会出现这样迥然不同的人生？因为，在人生的旅途中，除了美丽的风景，还有很多的诱惑，而每个人内心都有一个魔鬼，那就是欲望。

当那些诱惑出现在你面前时，就会激发起你内心的欲望，为了满足内心的欲望，你会奋不顾身、倾尽一生，极力追求着。所以，你会在人生的路上跌跌撞撞，找不到失去的自我，痛苦地煎熬着。

有人说，于连身上有着两面性的性格特征。于连最后在狱中也承认自己的身上实际有两个我：一个我“追逐耀眼的东西”，另一个我则表现出“质朴的品质”。在追逐名利的过程中，真实的于连与虚伪的于连互相争斗，当然，他本人内心也是异常痛苦的。最终，因不断地追求名利，让自己心力交瘁。

欲望就像毒品，是会上瘾的，当你一次得到满足之后，就会不断地想要更多的欲望，那根本就是一个无法填满的无底洞。当然，每个人都有一定的欲望，这是正常的，欲望可以促进我们不断地奋进，也是一种自我肯定。

但是，如果你的欲望过于强烈，就不再是对自己存在的肯定，相反会否定或取消别人的存在。到那时候，人被欲望控制着，便成为欲望的奴隶。

谁也不记得欲望是怎么来的，它似乎是人类与生俱来的。即便是一个刚刚诞生的小生命，随着时间的推移，欲望也会在他身上不断地演变和繁殖。有物质上的衣食住行，有精神上的尊重、认可、快乐、自信、幸福、自由，这些不同的欲望在不同时间、不同地点、不同人身上尽情演绎着，构成了多彩纷呈的世界，点缀了千姿百态的人生。

人类是欲望的产物，而生命则是欲望的延续，人不可能没有欲望，欲望也不会停止，它会伴随着人的一生。欲望的存在是无可厚非的，但是，人类是高级动物，可以控制自己的欲望，甚至放下自己的欲望。一个人就像是一条欲望的溪流，它流淌的不是溪水，而是人的各种欲望。

人生本来就是一个体验的过程，得与失，不过是处在永恒的变化中。昨天得不到，并不意味着今天不会拥有；即使今天拥有了，也不意味着明天不会失去。如果是永恒，也只会在拥有的那一刹那。珍惜现在所拥有的一切，这才是我们所需要的、最好的方式。

有人说“得不到”的和“已失去”的才是最好的，可能我们在不同的时间也会发出这样的感慨。那些没有实现的愿望，它们具有强大的力量，这样的力量就好像魔咒一般，笼罩在我们的头上，令我们迷恋水中花、镜中月，让我们对身边唾手可得的幸福和快乐视而不见。

欲望如水，水能载舟，亦能覆舟，就看你如何去对待了。很多时候，我们抱怨生活太痛苦了，其实这就是内心的欲望无形之中为自己戴上了枷锁，禁锢了自己的自由与生命。那么，当你感到沉重的时候，不妨放下内心的欲望，跨越生命，赢得自己的人生。

启示

学会放下欲望的人是自由的，因为没有了禁锢，也就没有了烦恼，所以是自由的。也许，在你的心中也会有种种的欲望，或金钱，或权力，但是，如果你想赢得自己的人生，赢得幸福，那就放下欲望，适可而止。

第9章

通往梦想的路上荆棘密布

当我们树立梦想的时候，就应该想到实现这个梦想是不容易的，那通往梦想的路上必然是荆棘密布。为了梦想拼搏的人生是值得喝彩的，也是值得纪念的，这远比平庸地过一生有意义得多。

人生归根到底要靠自己的努力

尼采.F.W曾说：“如果你想走到高处，就要使用自己的两条腿！不要让别人把你抬到高处；不要坐在别人的背上和头上。”在这个过程中，你的每一分努力都有时光的见证，而时光会将那些最好的留给最优秀的你。

一个人要想成就大事，从心底里感受到生命的充实，那就必须靠自己。所有的事实都证明：“一切靠自己”是最明智的人生理念。虽然我们可以靠父母和亲戚的庇护而成长，因爱人而得到幸福，但是不管怎么样，人生归根到底还是要靠自己的努力。

作为第一位黑人主持人以及《时尚》杂志的模特，备受世人尊敬与爱戴的奥普拉·温费瑞是真正的新时代职业女性。当然，在现实生活中，并不是每个人都能成为奥普拉，但是使奥普拉获得成功的力量却是每个人都可以拥有的，那就是成功的决心。

奥普拉小时候因为家境贫寒只能穿用麻袋做的衣服，还曾被人嘲笑为“麻袋少女”。因为她是私生女，所以从小她一直生活在受歧视、受虐待的环境里，在她9岁的时候惨遭表哥的强暴。到14岁的时候，她成了一名未婚妈妈，并且痛失自己的孩子。这一切的不幸遭遇，使她离家出走并沾染上毒品。

可是，当她觉得自己的生活不能再这样下去的时候，她开始下决心戒掉毒品。对于她来说是相当困难的，但是，她还是在自己坚忍的意志中成功了。为了成为一名优秀的脱口秀主持人，她决心一步一步来，由于从小的家庭环境差，没有很好的基础，所以每一步走起来都是异常困难的。但是她从来没有放弃过，在她的字典里，没有什么事情是不可能的，“除非你不愿意去做”。所以，最后当她美丽地站在镁光灯下面，她可以大声地说：“我以自身的努力，享受到了收获的快乐。”

并不是每个人都能成为奥普拉，但是只要你拥有奥普拉般的决心，就会像她一样获得成功的青睐。没有人能够预知事情的结果，但是却能够通过自己的决心来改变事情的未来，摘得胜利的果实。时光，最终把最好的东西留给了最优秀的奥普拉。

威廉·李卜克内西说：“才能的火花，常常在勤奋的磨石上迸发。”你是勤奋还是懒惰，时光会是最好的见证者。如果一个人是勤奋的，那么他就拥有了成功的机会；如果一个人是懒惰的，那么他就一定不会成功。勤勉和成功是互相制约的，虽然你的勤劳并不一定会给你带来成功，但是无论如何，每个人都要努力工作，因为这是导致成功的最基本条件。

杨润丹是美国杨氏设计公司的总裁，同时，她也是一位资深生活设计师。她毕业于纽约大学的室内设计专业，后来在美国密歇根大学获得硕士学位。作为设计行业的领军人物，她已经从事设计工作30年了，在工作中，她倡导创造高品质的生活，并将不同的潮流设计带入室内外的设计中。与此同时，她所创造的品牌不断发展壮大，得到了越来越多人的支持与认可。

杨润丹是一个优雅恬淡的女子：细柔的言语、恬淡的笑容。不过，这仅仅是她的外表，在她的骨子里有着一份比男人更强的努力程度。在受传统思想影响的社会，一个女人想要做成事真的很难，她们往往要比男人付出更多，却收效甚微。杨润丹说："我并不想做一个女强人，也不喜欢别人这样称呼我。在中国，大部分的女性都很优秀，而我只是找到了自己想要去坚持和努力的信仰，凭着那份坚韧与勤奋一步步走下去而已。"

早年，移居美国的杨润丹随着父亲第一次踏上中国，后来，由于设计工作需要便常常往返于中国与美国之间。随着对中国的熟悉，心有志向的杨润丹决定在中国成立工程公司。刚开始创业的时候，她不接受父亲的资助，而是坚持自己努力。她白天做设计，晚上去工地检查、指导、学习，回忆那段辛苦的日子，她觉得一切都值得，因为自己成功了。

杨润丹说：“一个女人在中国，没有任何背景，没有任何关系，一开始赔光了很多钱，无数次地想背包回去不来了，那会儿我还生病，可是我想这么多人跟着你，人家把工作给你，就是相信你，所以，我只能成功，不能后退。”杨润丹，就是一个耐力与勤勉并行的女子，她心中的那份认真与耕耘，最终因努力换得了最好的奖赏。

启示

许多人想努力的时候，总会怀疑：我的努力是否会白费？我要不要这么拼命努力？他们总会担心自己的付出未能得到应有的回报。不过，你是否努力了呢？努力才有可能成功，不努力连失败都不会临幸于你。持续为自己的梦想和人生努力吧，时光往往会把最好的留给最优秀的你。

坚持立场，因为生命不需要被保证

那些但凡做出巨大成就的人，他们都知道自己想成就的是什么。当然，他们绝不像太平洋中没有指南针的船只一样，随风飘荡。成就梦想，订下目标是第一步，然后思考：如何达成自己的目标。这道理听起来好像老生常谈，但是，令人惊讶的是，许多人都没有认清一个事实，那就是为自己制定目标以及执行计划，是唯一能超越别人的可行途径。

德里克·博克曾说：“我早已致力于我决心要保持的东西，我将沿着自己的路走下去，谁也无法阻止我对它的追求。”在人生的道路上，我们做任何事情都需要有立场、有目标，这样世界才会为你让路。

每个人的行为都是有目的性的行为，一般来说，没有目的性的行为是很难成功的。有可能你想成为一名政治家，想成为一名流行歌手，想成为一名将军……但是，生活中没有目标的人就是可怜的糊涂虫，他们永远没有办法找到成功的途径。

车尔尼雪夫斯基曾说：“一个没有受到献身热情所鼓舞的人，永远不会做出什么伟大的事情。”一旦我们失去目标，就意味着失去了人生的推动力，失败必将来临。当然，在追寻目标的过程中，我们应该有自己的立场，因为我们的生命不需要被保证。

美国有一个非常著名的关于目标对人生影响的跟踪调查，调查对象是一群智力、学历、环境等条件差不多的年轻人。通过调查发现：27%的人没有目标；60%的人目标模糊；10%的人有清晰但比较短期的目标；3%的人有清晰且长期的目标。

此项调查进行了长达25年，结果发现那些调查对象的生活状况以及分布现象都十分有意思：那些3%有清晰且长期目标的人，25年来几乎不曾更改过自己的人生目标，25年来他们一直朝着同一个方向努力。25年后，他们几乎都成为社会各界的顶尖成功人士，在他们当中有白手起家的创业者、行业领袖、社会精英。那些10%有清晰但比较短期目标的人，在25年后，他们大多生活在社会的中上层，在他们身上有着共同的特点：那些短期目标不断被达成，生活状态稳步上升，成为各行业不可缺少的专业人士，他们的职业大多是医生、律师、工程师等等。那些60%目标模糊的人，25年后他们大多生活在社会的中下层，他们能够安稳地生活与学习，但没有什么特别的成绩。剩下27%没有目标的人，25年来，他们几乎都生活在社会的底层，而且，生活过得很不如意，常常失业，需要靠社会救济，喜欢怨天尤人。

也许你现在与别人差距不大，那是因为你们距离起跑线不远，而不是你比别人聪明，或者说上天眷顾你。你是属于那10%、60%还是剩下部分，只有你自己最清楚，不过，希望你能努力成为那10%目标清晰的人。有目标有远见的人往往可以走得更远，因为世界会为他们让路。

一个没有目标的人就像是一艘没有舵的船，永远过着漂泊不定的生活，只会到达失望和丧气的海滩。为什么许多人即使付出了艰辛的努力，但还是无法成功？其实，这是因为他们的目标总是模糊不清或者根本没有实际可行的目标。在生活中，一旦我们确立了清晰的目标，也就产生了前进的动力，所以，目标不仅仅是奋斗的方向，更是一种对自己的鞭策。

启示

有人曾这样说，一个人无论他现在有多大的年龄，其真正的人生之旅，是从设定目标那一天开始的，之前的日子，只不过是在绕圈子而已。要想获得成功，我们就必须拥有一个清晰而明确的目标，目标是催人奋进的动力。如果你缺失了目标，即使每天你不停地奔波劳碌，却还是无法获得成功，而成功者之所以能轻松地做到成功，那是因为他们的目标明确，眼光长远。

果敢拼搏，做自己想做的事情

人的一生有太多的等待，在等待中，我们错失了许多的机会；在等待中，我们白白浪费了宝贵的光阴；在等待中，我们由一个英姿勃发的青年，变为碌碌无为的中老年。我们还在等待什么？选择去尝试，总不会让自己在原地踏步。

人生就是如此，只要你迈步，路就会在脚下延伸。只有启程，你才会向理想的目标靠近。无论你的梦想和目标是什么，这些都只是你成功的开始，更主要的是立即开始行动，从而实实在在地看到成功的希望。这一点被许多人所忽略，其结果都是以失败而告终。

伊丽莎白不是哈佛毕业生中最出色的一位，也并不具有非凡的才能，人们对她的敬佩，不是因为她年纪老迈，而是她勇敢尝试，始终坚持的毅力和决心。

这一天，身穿毕业生礼服、头戴黑色学士帽的伊丽莎白·麦克尼尔从哈佛校长手中接过毕业证书，在获得文科学士学位的同时，她还被颁发了一个表彰其学术成就和品德的奖项。

伊丽莎白早在1941年就高中毕业了，之后，她陆续生了4个孩子。26年前，她成为哈佛大学健康服务部门的员工。哈佛的学术氛围令她对学习产生了很大的兴趣，于是几年后，她开始尝试在哈佛“蹭课”。

但是在这之后的很多年里，她并没有正式注册当学生，因为她觉得自己没有能力完成哈佛的课程，她曾一度想放弃拿到哈佛学历的念头。

直到9年前，同事和同学的鼓励让伊丽莎白产生了争取学位的念头，那时她已经73岁了。对于一个普通的73岁的老人来说，安享晚年是最好的选择。而伊丽莎白却不甘心就此放弃自己的理想，她再次鼓起勇气，走入哈佛的课堂，她给自己制订了“10年目标”，并经常向孩子们许诺，要在83岁之前从哈佛毕业。

如今满脸皱纹的伊丽莎白在哈佛工作了25年，学习了20

年，攻读了9年学位，最终赶在自己的孙女之前获得了本科学历。

人人都能下决心做大事，但只有少数人能够果敢地去尝试，也只有这少数人才是最后的成功者。有不少这样的人，他们并非不知道行动的重要性，但却迟迟不愿意行动，结果又产生负疚感，造成意志瘫痪。

很多情况下，人们与其说是因为恐惧而不去行动，毋宁说是因为不去行动而导致恐惧。许多事情的难度都因为我们的犹豫和摇摆而加大了。

勇于尝试需要一种开拓进取的精神。鲁迅先生曾经说过，其实地上本没有路，走的人多了，也便成了路。所以他十分赞赏“第一个吃螃蟹的人”，以及那些在人类前进道路上披荆斩棘的人。

贝尔在试制电话机时，感到有关问题还没有把握，便去向著名物理学家约瑟·亨利请教。贝尔谈了自己的设想，恳切地问：“先生有何见教？”“干吧！”亨利回答说。

贝尔不安地说：“可是，先生，我对电的知识知道得很少呀。”“学吧！”亨利又简短地回答。电话机试制成功后，贝尔激动地说：“如果不是亨利先生这两个词的鼓励，我是不可能发明电话机的啊！”

当年，迪斯尼为了实现心中的梦想，不断地呼吁人们去建造一个乐园，可是当时有非常多的人反对他。有的人担心会对环境产生影响；有的人担心他的资金有问题；有的人甚至怀疑他的头脑有问题；有的人说政府不会批那么大的一片地。可是迪斯尼不断地去想各种各样的方法：资金方面有问题，他跑了143次银行。他积极地寻求各方面资源的支持，最后，他梦想中的乐园——迪斯尼乐园，终于在美国兴建起来，到现在，被复制到世界各地。

人生需要选择，需要你果敢地去拼搏，去行动，去做自己该做的事情，哪怕你很畏惧，哪怕你很犹豫，但如果摆在你面前的路是正确的，你就要立即行动起来。

启示

人的价值，不光是在取得非常成就时才显现的，具有尝试精神的人，他的人生，也会丰富多彩、熠熠发光。经过尝试，我们会发现自己具有取之不竭的智力潜能，会发现生命中潜藏着许多连自己也无法想象的能力。

如果不去尝试，这些能力永远也没有机会大放异彩。尝试，是铸造卓越与杰出人生的一种方式，是事业成功的一条重要途径。

有梦想的人不会感到空虚

威尔逊曾说："我们因梦想而伟大，所有的成功者都是大梦想家：在冬夜的火堆旁，在阴天的雨雾中，梦想着未来。有些人让梦想悄然绝灭，有些人则细心培育、维护，直到它安然度过困境，迎来光明和希望，而光明和希望总是降临在那些真心相信梦想一定会成真的人身上。"

有人问：实现梦想的路在哪里？其实，心在哪里，路就在哪里。

珍妮在上高中的时候，她的梦想就是美国的哈佛大学。当时，由于毫无经验，又迫于高考的压力，她一边应付高考，一边申请学校，但是，她提出申请的4所美国大学都给她寄来了拒信。当收到拒信的时候，珍妮非常伤心，那意味着自己无法实现儿时的梦想了，她为此哭了三天三夜。4个月之后，她还是硬着头皮坐在高考的考场，最后考取了上海的一所大学。

高考之后，珍妮从来没有忘记过自己最初的梦想，她希望自己再奋斗4年，一定要去哈佛大学。在大学里，珍妮将全部的时间和精力都投入学习中，不管是在学习上还是学校的各种实践活动中，她永远都是最优秀的那个人。大学4年，珍妮不但是一个大型学会组织的主席，而且成功组织了一次覆盖上海多所高校的比赛，吸引了数家赞助商。在大学，她除了是国家奖学金的获得者之外，还能说一口流利的英语、西班牙语和日语。

像珍妮这样优秀的女孩子，在大学毕业之后随便就能找个待遇丰厚的职位，即便是世界500强也可以随便挑选，她又为什么要如此坚持哈佛大学呢？事实上，珍妮当然想过放弃哈佛大学，她也想早点争取经济独立，为家庭减轻负担，而去美国哈佛大学，将意味着需要家里更大的经济支持。此外，她也希望自己像一个普通女孩子那样，穿着光鲜靓丽的衣服，戴着好看的首饰……这样一想来，哈佛大学似乎没有想象中那么渴望了。

不过，当珍妮静下心来思考这个问题的时候，她忽然意识到自己是被生活中的各种华丽的诱惑模糊了视线，若撇开一切，只选择一样东西，那会是什么呢？思来想去，她最后写下了“哈佛”，然后在后面写着“坚持不懈，这个最初根植于自己内心的梦想，那才是自己真正渴望的东西，才是自己内心的真正选择”。

珍妮现在正在哈佛读研究生，她是那么优秀，才华横溢，卓尔不群，而且人也长得非常漂亮。当然，她可以与大多数普通的女孩子一样，大学毕业后嫁个不错的男人，过着衣食无忧、相夫教子的日子。但是，她没有选择这样的生活，而是坚持内心的选择，从而实现自己最初的梦想。

由于家庭的原因，她在高中毕业后就放弃了继续升学的机会，而是选择在女子商学院的夜校学习。偶然有一次，她在夜校附近的饭馆吃饭的时候，看到一件事情：一位客人想在饭店里暂时寄存自己的行李，但是却遭到饭馆老板的冷淡拒绝。这令她感到不解，她认为饭馆老板可以答应帮忙顾客寄存行李来达到宣传自己饭店的目的，为什么他不那么做呢?

由于这一件小事，她决定要在餐饮业发展。此后，她转入了烹饪学校学习。无论当时自己经济是如何的困难，她都坚持学习下去，甚至宁愿省下自己的生活费去听一堂课。后来，她开始尝试着在大学路经营一家面食店。她本着“亲切服务”的原则，让这家小小的面食店很快名声大噪，从最初仅有一个灶台和5种菜品的小店发展成为附近最有名的美食店。

虽然她身处逆境，但是当她立下志向之后却从来没有改变，心在哪里，路就在哪里，丝毫没有退缩，一直把自己当作人生的主角。无论遇到什么困难，她都能凭着自己的力量去克服它，并且以主角的姿态演出自己的人生剧本。

人生的最大意义在于奋斗，为自己的梦想而奋斗，这会令一个人感到充实和快乐，有梦想的人从来不会感到空虚，因为他们懂得自己内心最想得到的是什么，并且朝着这个方向不懈地努力。

马云曾说："第一，有梦想。一个人最富有的时候是有梦想，有梦想是最开心的。第二，要坚持自己的梦想。有梦想的人非常多，但能够坚持的人却非常少。阿里巴巴能够成功的原因是我们坚持下来。在互联网激烈的竞争环境里，我们还在，是因为我们坚持，并不是因为我们聪明。有时候傻坚持比不坚持要好得多。"

了解自己真正感兴趣的是什么

许多人竟然不知道自己的梦想是什么。而没有梦想的人，就没有目标，没有奋起直追的持久动力。这时你可以了解自己，倾听自己内心的声音，了解自己真正感兴趣的是什么，以自己的才能与爱好来作为树立梦想的参考。

我们应对自己的特点有所了解，首先确立目标，有的人以自己身边或媒体宣传的人作为自己的梦想；一些人的梦想与兴趣、爱好、特长相关，如喜欢唱歌的女孩希望成为歌手，喜欢跳舞的女孩希望成为舞蹈家。当然，有些人思想不够成熟，有时候追求的梦想也不稳定，今天喜欢唱歌，明天喜欢跳舞，所以应该学会适时听从自己内心的声音。

1998年，只有10岁的李欣汝面临着人生的第一次重大选择。当时，父亲希望她成为一名伶牙俐齿的主持人或者是教书育人的老师，不过，她自己却喜欢跳舞，希望自己有一天可以像一只白天鹅一样在舞台上翩翩起舞。到底是遵从自己内心的梦想，还是顺从父亲呢？最后，10岁的李欣汝坐上火车，从兰州去北京，进入解放军艺术学院舞蹈系中专部学习，她将舞蹈作为自己前行的梦想。

2007年，“红楼梦中人”节目组到北京舞蹈学院挑人，李欣汝报了名，她本来只是想试试看，结果没想到一路过关斩将，自己竟然晋升黛玉组全国五强。这时她面临了人生第二次选择，是继续选秀还是全封闭培训呢？她思考了很久，说服自己放弃眼前暂时的功利，她退出了选秀，将全部的精力都放在学业上面。

李欣汝退出选秀之后，顺利地拿到了大学毕业证书。很快，她面临了新的选择。《丑女无敌》向她抛来了橄榄枝。不过，令她犯难的是，这次她需要在剧中扮演一个完全没有形象的女孩子。自己是否愿意扮丑呢？经过层层筛选之后，李欣汝最终获得了那个对自己而言非常重要的角色——电视剧《丑女无敌》中雷人的林无敌。她刻意增肥、扮丑，甚至感觉林无敌就是正在奋斗的自己，所以她完全融入了角色，结果这部戏相当成功。

在人生的关键时刻，李欣汝选择了听从内心的声音。当《丑女无敌》第一季播出之后，创下收视观众2.4亿人次的惊人纪录。而李欣汝所扮演的林无敌这个形象也得到了观众的欣赏与认可，同时，她本人也获得了成功，她成为湖南卫视年度最佳新艺人，成为2008年最深入人心的电视剧形象之一。而且，她的名字还出现在2009年度福布斯名人榜的排名之中，她终于成功了。

菲尔·约翰逊的父亲拥有一家洗衣店，由于父亲想儿子能够子承父业，所以在店里给约翰逊安排了一份工作，父亲希望约翰逊可以接手自己的生意。但是，菲尔·约翰逊一点也不喜欢洗衣店的工作，他每天都在店里偷懒、晃荡，只要做完自己的工作，他就撒手不管。有时候，他干脆玩失踪，根本不来店里上班。约翰逊的父亲觉得儿子真是没出息，在那么多员工面前，儿子真是将自己的脸丢光了。

有一天，菲尔·约翰逊主动对父亲说："我想去一家机械工厂做个技工。"出去当工人？难道儿子想走自己曾经走过的老路吗？父亲非常震惊，他坚决不同意。不过，习惯我行我素的约翰逊才不管父亲反对的意见，他依旧穿着沾满油渍的工作服去工作。在机械厂，约翰逊比在洗衣店更努力地工作。尽管机械厂每天的工作时间很长，不过菲尔·约翰逊吹着欢快的口哨就可以度过快乐的一天。渐渐地，约翰逊发现自己喜欢上工程学，他开始认真研究各种发动机，在他的生活中只剩下与各种机械一起相伴。

1944年，菲尔·约翰逊去世。不过，此时，约翰逊已经是波音飞机公司总裁，正是他研究制造出来的“飞行堡垒”使得美国赢得了战争。

约翰逊喜欢机械，他并没有因为父亲的期望而改变自己最初的想法。假如他不喜欢自己的生意，那就有可能会让自己的生意溃败。假如约翰逊当时留在父亲的洗衣店，后来，他和父亲的洗衣店会怎么样呢？我想在父亲去世之后，这门生意应该就毁掉了，那家曾经的洗衣店早就关门了。

假如你总是在猜测这是我内心的声音吗？你将永远一事无成，因为这个质疑会阻碍你去完成梦想，最后你将失去尝试的勇气而不愿意再跨出下一步。假如你开始质疑自己的梦想是否可以实现，那你将失去追求梦想所需要的动力。

如果身边的朋友、家人建议你去银行当职员，但事实上你只是喜欢待在蛋糕店里做蛋糕，那么你的选择是什么呢？

曾经有人抱怨：“我很想成为一名歌星，但是我父亲却希望我能成为一名医生，我该怎么办呢？”我想这句话非常适合他：别人的期望，不能成为你被迫选择的理由。

启示

一旦你确定了自己的内心，那就需要切断自己的后路，因为现在你只剩下自己和梦想了，自己已经不能回头。你已经无路可退，你已经站在梦想的面前，你现在需要做的就是如何完成自己的梦想。

有模糊的目标，却少了清晰的方向

人生最重要的，不是你所处的位置，而是你所朝的方向。蒲公英历经艰辛归于灵魂的净土，找到了自己的方向。你是否总感觉自己好像少了什么，是方向吗？

是的，就是方向，有模糊的目标，却少了清晰的方向。我们必须有一个正确的方向，不管你多么意气风发，不管你多么足智多谋，不管你花费了多少心血，假如没有一个明确清晰的方向，就会感到茫然，甚至在前进的路途中渐渐丧失斗志，忘却最初的梦想。

1952年7月4日清晨，加利福尼亚海岸还笼罩在浓雾之中，在海岸以西21英里的卡塔林纳岛上，34岁的费罗伦斯·柯德威克涉水进入了太平洋，她开始向加州海岸游去，如果这次能够成功，她就会成为第一位游过这个海峡的女性。在这之前，费罗伦斯·柯德威克是从英法两边海峡游过英吉利海峡的第一位女性。然而，这天清晨的渡海游泳似乎没有想象中的顺利，海水冻得费罗伦斯·柯德威克身体发麻，由于浓雾越来越大，她几乎看不到护送自己的船，一个小时过去了，又一个小时过去了，无数的观众在电视上注视着她。对费罗伦斯·柯德威克来说，诸如此类的渡海游泳中最大的问题不是疲劳而是刺骨的海水，15个小时过去了，费罗伦斯·柯德威克被冰冷的海水冻得浑身发麻，她知道自己不能再游了，就叫人拉她上船。柯德威克的母亲和教练就在另一条船上，他们告诉她："海岸很近了，不要放弃。"但是，费罗伦斯·柯德威克朝加州海岸望去，前面是一片浓雾，什么都看不见。几十分钟以后，人们将柯德威克拉上了船，而拉她上船的地点，离加州海岸只有半英里。

当有人告诉柯德威克这个事实后，从寒冷中恢复知觉的她看起来很沮丧，她对记者说："真正令我半途而废的不是疲劳，也不是寒冷，而是在浓雾中看不到方向。"在费罗伦斯·柯德威克的一生中，只有这一次没有能坚持到最后。两个月后，柯德威克再一次尝试，这次，她成功地游过了这个海峡，她不但是第一位游过卡塔林纳海峡的女性，而且比男子的记录还快了大约两个小时。

对于柯德威克这样的游泳能手来说，尚且需要方向才能鼓足干劲完成她本有能力完成的任务，那对许多人而言，就更需要为自己的人生确立方向。对机器而言，一个螺母假如找不到合适自己的位置，充其量不过是一个被称作螺母的废铁。

伊辛巴耶娃，世界上第一个，也是唯一一个越过5米的俄罗斯女子撑竿跳运动员。众所周知，在撑竿跳这项运动中，伊辛巴耶娃确实是非常成功的。但是，谁能想到，她最初的梦想根本不是撑竿跳，她那时候最喜欢的是体操。

伊辛巴耶娃从小就对体操情有独钟，她梦想着自己有一天能成为世界体操冠军。为了实现自己的目标，她没日没夜地练习着体操，不管是寒冷的冬天还是炎热的酷暑，伊辛巴耶娃对练习体操都不敢有一丝的懈怠。遗憾的是，随着年龄的增长，伊辛巴耶娃个子越长越高，对于一个体操运动员而言，高挑的身材反而是一种缺陷。例如，其他运动员能够翻4个跟头，太高的伊辛巴耶娃却只能翻两个半。显而易见，身高1.74米的伊辛巴耶娃在体操队中没有任何竞争优势。

这该怎么办？如果在体操这条路上坚持下去，最终只会碌碌无为，甚至有可能越来越处于劣势。于是，伊辛巴耶娃经过客观的分析、权衡，果断地告别了体操队，不过她依旧没有放弃自己曾经的梦想——成为世界冠军。她想到自己个子高，于是，她又将梦想寄托在能够充分发挥自己身高优势的撑竿跳项目上。

经过不懈的努力，终于，伊辛巴耶娃在撑竿跳运动中赢得了举世瞩目的成就。她在24岁时就成为历史上最出色的女子撑竿跳运动员，曾十多次打破世界纪录，拥有5项重要赛事的冠军头衔：奥运会，世界室内、室外锦标赛，欧洲室内、室外锦标赛。

富兰克林曾说：“宝贝放错了地方就成了废物。”人要找准自己的方向，学会经营自己擅长的项目，能够让自己的人生增值，而经营自己的短板，只会让自己的人生贬值。伊辛巴耶娃无疑是聪明的，她放弃了自己喜欢但不能发挥自己优势的体操运动，转而选择更具优势的撑竿跳运动，从而成就了自己的世界冠军梦想。所以，人别把时间浪费在难以弥补的缺点上面，不要再让所谓的“短板”阻碍自己的成功之路。

启示

荷马史诗《奥德赛》中有一句至理名言：“没有比漫无目的地徘徊更令人无法忍受的了。”没有方向的迷茫会造成内心的恐慌，在徘徊中挣扎，最终不过是一个平庸的人生。因为无头苍蝇找不到方向，才会处处碰壁；一个人找不到出路，才会迷茫、恐惧。所以，我们应首先找到前进的方向，这比努力更重要。

第10章

去成就自己想要的人生

张嘉佳说："凡事别将就，一辈子别扭。"生活中，你是否将就着生活？读书将就、工作将就、结婚将就，结果一辈子就这样将就下来。虽然，一切不必太执着，但凡事太过将就，只会让生活更加不如意。

对自我的一种永不满足

在这个世界上，有两种人很可能一生一事无成：一种是自甘堕落、无所追求的人；一种是轻易就觉得满足，从此不思进取的人。对于大多数受过高等教育的人而言，理想教育在他们心底早已根深蒂固，教育专家所担心的不再是个人的盲目、无知，而是怎么帮助他们树立可行的、实际的目标和理想。

因此，有些人如果了此一生时仍无所作为，那他们多半属于容易满足的人。古人云：路漫漫其修远兮，吾将上下而求索。这是对知识、对自我的一种永不满足，也只有这样的人，才能最终成就他的伟大。

世界顶尖潜能成功学大师安东尼·罗宾在心灵革命的课程中，为了证明人类的巨大潜能曾做过下面的实验：

那是一堂赤足从火上走过的课程，在整堂课里，所有的学员都必须面对火红炽热的用木炭所铺成的“火路”，大胆地赤足从上面走过。对于那些没有这种经验的人来说，那是极为骇人的场面，有的人哭叫，有的人腿软，更有的人浑身发抖，甚至有人苦苦哀求免去这种“考验”。不过最终所有的学员还是得走过这条路，因为没有经历过这场考验的人，就无法在随后的课程中取得最大的效果。

对此，安东尼·罗宾说：“我们当中很少有人有过这样的经验，但是有不少人看见过他人赤足走过火路的场面，特别是在寺庙的拜火祭典中。当我们看见别人平安走过火堆之后，总以为是神明在庇护那些人，或是有人预先在火堆中做了手脚，殊不知只要在妥善安排的情况下，人人都能平安走过。”

由于大多数人不了解人体的神奇机能，以无知来解释那些自己视为可怕的遭遇，便容易陷入畏缩不前的状态中。当那些研讨会的学员在咬紧牙关平安走过火堆后，他们整个观念会有很大的改变，因为原先认为自己做不到的事情，竟然轻易可以实现，而且毫发无损。原来，“任何限制都是从自己的内心开始的”。

被无知蒙蔽双眼、绊倒自己，其中可悲与悔恨想必每个人都曾有过。并不是我们天生愚昧，而是认识自己、认识事物时，你在做途中跑，而没有尽快地跑到终点。认识自己、把握自己，从而不断地“修筑”自己，你的事业才能尽快扬帆启航。在远行的途中，任何光彩夺目的成就只是迈向事业成功的一小步。

在艺术界，毕加索的大名无人不知。这位著名的西班牙画家，活了91岁。而在他90岁高龄时，当他拿起画笔开始创作一幅新画的时候，对眼前的事物仍然好像是第一次看到的一样。年轻人总喜欢探索新鲜事物，探索解决问题的新方法，他们朝气蓬勃，热衷于试验，从不安于现状；老年人总是怕变化，他们知道自己什么最拿手，宁愿把过去的成功之道如法炮制，也不愿冒失败的风险。可毕加索不是普通人，当他90岁时，仍然像年轻人一样生活着，不安于现状，寻求新思路和新的表现手法，所以他成了20世纪最负盛名的画家之一。

毕加索生前体验了从穷困潦倒到荣华富贵的转变，其艺术作品也经历了从无人问津到被人高度赞赏两种境遇。这正是他永远把现在的成就看作成功的一小步，满怀希望地憧憬着下一次的成功，永不满足、不懈追求的结果。

“球王”贝利在足坛上初露锋芒时，有个记者曾问他：“你觉得自己哪个球踢得最好？”他回答说：“下一个！”当贝利在世界足坛大红大紫、踢进1000个球之后，记者又问他同样的问题，而他仍然回答：“下一个！”在事业上有所建树的人都同贝利一样，有着永不满足、不断进取的精神。

对于那些永不满足，希望人生能不断实现突破的人来说，人生最精彩的部分永远是在下一次、在未来。永远对未来充满憧憬，才能以更好的心态去面对、去希望，用这种满怀希望的心态做事，才能取得更大的成就。

优秀的人永远把现在的成就看作一个新的起点，现在的成就只是万里长征中的第一步；而普通人取得一点成就，就扬扬得意，满足于现状。所以，优秀者一步一步从优秀走向卓越，而普通人故步自封，往往坐吃山空。

合适的工作会让你更有激情

曾经为杜邦公司雇用上千名员工，如今身为美国家居用品公司劳资关系助理干事的爱德娜·科尔夫人也有相同的看法，她说："现代年轻人最大的悲剧在于他们根本不知道自己想做什么，这些刚刚大学毕业的年轻人拥有达特蒙斯学院的学士学位，或者拥有康奈尔大学的硕士学位，不过他们却对我说：请问我可以为你的公司做些什么？我觉得这些每天只知道工作，最后只拿到工资的年轻人真是可怜。"既然他们对自己想做什么工作都根本不知情，那又怎么会对这份工作感兴趣呢？

你或许不知道，一份合适的工作可以展现出自己最大的价值。

大卫·奥格威曾当过推销员，做过农夫，当过外交官。他移居在美国，同时却不断来往于欧洲大陆。年轻时的奥格威雄心勃勃，他有两个梦想：一是拥有一部劳斯莱斯汽车，二是获得爵士爵位。于是，每到黄昏的时候，他都会去英国国会下议院，坐在观众席里倾听别人讨论，他渴望自己有一天也能参加这里的讨论。

但是，突然有一天，奥格威发现自己对这一切失去了兴趣，他对自己说："这里并不适合我。"他就站了起来，以一种坦然而轻松的心情走出了下议院。解脱之后，他的内心却充满了焦虑：自己38岁了，还能够使生命辉煌吗？没过多久，奥格威创办了一家广告公司，经过多年的发展，他被誉为现代广告的"教皇"。

大卫·奥格威找到了适合自己的工作，演绎了自己的精彩人生。悠悠生命历程里，我们只有找到适合自己的工作，才能展现出自己的人生价值。

其实，在这个世界上有许多人讨厌自己目前的工作，他们成为"工业发展不协调的受害者"。毕竟，一个人应该选择适合自己的工作，因为在生活中有许多人是由于对自己工作不满意而产生了诸多烦恼、悔恨和受挫，他们或许就是你的父亲、邻居或你的老板。

假如你听从父母或朋友的建议，选择了一个你不喜欢的工作，那么最后，你绝对会崩溃。作为伟大的精神病学家，威廉·明基博士曾经在战时负责军队中的精神病学部门。他曾说："我们在军队中学到许多东西，如正确选用人才和安排工作的重要性，确认自己正在做的工作的重要性非常重要。当一个人对自己从事的工作丝毫不感兴趣，那他就感觉自己被放错了位置，没有得到足够的重视，自己的才能尚未得到发挥。这样发展下去，他有可能患上精神疾病，甚至真的会患这种疾病。"

在这里，我需要提醒大家：千万不要因为家人希望你做，你就被迫去做某笔生意或交易。除非你自己愿意，否则不要开始某项事业。但是，对于来自父母的建议，你还是应该慎重考虑，毕竟父母走过的桥远远多于我们所走过的路，他们拥有从大量的人生经历中才能获得的智慧。不过，最后还是由你自己来做决定，毕竟不管你选择什么样的工作或职业，最终是你本人来享受它的快乐或承受它带来的痛苦。

启示

不管从事哪份工作，首先应该是自己感兴趣的，这样才能成为自己继续为之努力的理由。假如仅仅听从父母或朋友的建议，选择了一份看上去前途不错的工作，但自己却丝毫不喜欢，这样即使勉强去做这份工作，但最后却是收效甚微的。

摆脱温水环境，寻找新的机遇

在职业生涯过程中，我们总会处于各种各样的环境中。若是在同一种环境下工作得太久，总免不了会产生一种现象，那就是被环境同化，使自己丧失上进心和适应能力，而只能适应目前的工作环境。

大量数据显示，人们做同一份工作差不多3年之后，工作环境就会产生类似“青蛙效应”：工作环境和身边的同事太熟悉，工作基本缺乏太大的挑战，可以说是安逸稳定，也可以说是原地踏步。

对自己而言，尽管现在的工作难度看起来不那么高，也清楚这样的安逸状态持续下去是可怕的，不过却缺乏接受更难的工作的勇气。面对这样的情形，就需要警惕了，否则你就真的成了那只温水里的青蛙了。

小娜大学毕业后，被父母安排到小镇的政府部门上班。这是一个悠闲的工作，工资待遇很不错，福利也有保证，工作环境安逸。这对于刚刚大学毕业的小娜而言，无疑是一种幸福，她在小职员的岗位上快乐地工作着。而同一时期，一起毕业的同学还在辛苦地奔波找工作，比起他们，小娜觉得自己起点高多了。而且，自己的工作比起那些销售、广告设计等工种，不管是人事制度还是工作方式都要更加专业，更重要的是工作难度并不大，每天只需要看看报纸、写写报告就行了，小娜觉得这是非常安逸的工作。

5年过去了，小娜一直在政府部门做着小职员的工作。当她发现自己身边的朋友开始步入管理岗位，自己却依然做着小职员的工作的时候，才开始渐渐意识到：一直从事简单的工作，表现自己的机会自然也少了很多，缺乏学习新东西的机会。而且自己一直安于现状，不主动积极争取机会，这些年来的收获甚至比当初一进公司就独当一面的同学都要少很多。尽管当初自己的待遇算是比较可观的，但现在看起来却是相差很大一截。

当然，任何一份工作都会有令人喜欢的部分，也会有令人不喜欢的部分。一份工作是否让人喜欢，需要综合考虑，如工作中的满足感、被认同感、个人兴趣、未来发展、薪资福利，甚至工作时间……并非每一个安于现状的人都会成为温水里的青蛙，也并非所有的温水都一定会烧开。所以，每个人的价值取向、性格脾气、家庭情况是大不相同的，做出彻底改变固然值得赞赏，不过我们若能在现有的基础上调整自己，适应环境也是值得夸赞的。

工作中涉及专业技能的内容并不多，或者即使有，也只有那么一点，已经太熟悉了，自己也没有再继续去学习；自己所从事的行业并非朝阳行业，或者即使是朝阳行业，也并非核心部门；从事工作这么多年以来，职业或待遇没有显著变化，或许几年前工资待遇是令人羡慕嫉妒的，但这几年下来，别人都已经进步了，你却依然在原地踏步；你与身边的同事一起工作很多年了，但始终只有几个才是关系不错的，甚至领导对你的印象并不深刻。

如果你符合以上情况之一，那么你已经是温水中的青蛙了，应该保持警惕心态了。

大多数人看不清楚目前的状况，对未来充满迷茫，这在很大程度上都是由于对未来没有一个十分明确的规划，也不清楚自己希望朝着什么方向发展。正所谓“生于忧患，死于安乐”，我们不妨计划一下自己5年之后希望变成什么状态，若是按目前的状况是否可以走到那一步。

每一个人脉背后都是一个潜力的圈子，我们的职场发展在很大程度上来说依赖于人际关系圈子。我们要敞开自己的心，多认识一些朋友，这样才有可能带给我们意想不到的机会。

不断地学习会让我们意识到身边的危险和即将要出现的变化，让自己开拓视野，而不是故步自封、原地踏步。在这方面所有职业都是相通的，哪怕是公认的温水环境，如政府部门。尤其需要提醒的是，千万不要等到工作有需要才想到学习，而是将学习当成主动的目标，没事时哪怕看看书也是很不错的。

假如自己真的决定摆脱温水环境，不管是寻找全新的职场机遇，还是在现有的环境下做出改变，都需要适度忍让。这种忍让有可能是待遇方面的，也有可能是工作变动等。假如一时的后退可以换来更大的前进，那所有的一切都是值得的。

启示

在温水环境里并不是最可怕的，恐惧的是身在其中却不知，依然浑浑噩噩过日子。所以，我们需要随时保持自省的意识，保持清醒的头脑，具备敏感度和警惕性，即使在温水中，也不要太过忧虑，而是要想办法改变自己现在的处境。

真正的爱情从来不将就

在父母那一代，20岁左右就结婚生子了，现在的人30岁都还不着急，这两代人之间的鸿沟是越来越大。随着年龄的增长，父母催促剩女早点结婚，即便是在平日生活中也经常有意无意地提起婚姻的话题，这给剩女们带来了极大的家庭压力。在耳边经常听到的就是父母关于婚姻的话题："你年纪也大了，应该考虑婚姻嫁人问题了。"这样的话不是偶尔听到，而是经常听、天天听，时间长了，一旦听到这样的字眼，就会触动剩女们的神经敏感。

在家庭的重压下，她们长时间地承受着外界和内心的压力，容易造成一定的心理问题，她们害怕谈论关于恋爱和婚姻的问题，不喜欢别人的指指点点、冷言冷语，多次相亲未果，恋爱不成，她们就开始怀疑自己，认为自己找不到好男人，但又不甘心将就条件一般的男人，心里就一直这样矛盾着。这时候，如果家里再上演“逼婚”这样的剧目，那她们就有可能因压力做出仓促的决定。

大龄剩女被父母念叨，她们那根敏感的神经经常被触动着，很快就会爆发出来。每每到了回家的日子，剩女们总是心惊胆战的，既想回家，又怕回家，怕回家就被父母念叨结婚的事情。尤其是老家在农村的女孩子，在农村凡是超过20岁的女孩子就算是大龄剩女了，在父母的眼里，这样的年纪已经很难找到合适的对象了。

因此，父母特别着急，他们将自己内心的焦虑转化成对女儿的念叨和逼婚，有的父母甚至骗女儿回家相亲，这样的情节在很多家庭里上演着。

小瑶已经25岁了，在老家也算是大龄剩女。每次父母打电话，无非就是那句话：“最近相亲没？遇到合适的就嫁了吧。”搞得小瑶烦不胜烦。不仅如此，每次去亲戚家，她都会受到亲戚的“教导”：“小瑶，你今年也有25了吧，年纪算大的了，赶紧找个合适的对象，看你爸妈整天为你的事情操心，吃不好、睡不好的，他们年纪大了，把你培养成人，现在不是该让他们安心的时候吗？你早点把事情解决了，他们也少操心。”每到这时，小瑶就要抓狂了，虽然，对于这样的劝说很反感，但心里还是涌现出一种对父母的愧疚感。

小瑶经常对朋友说：“你说我是不是应该快点去找个合适的男人嫁了，否则就对不起父母？”虽然，朋友好言相劝，但小瑶始终被这样一个问题困扰着。她觉得，自己不应该那么任性了，以后相亲的事就听父母的吧。

在后来的相亲中，小瑶不再那么排斥了，也听了父母的意见。不到两个月就相到一个“合适”的，之所以说合适，是因为男方的工作、家境都顺了父母的意，而两人之间也不太反感，就试着交往了。交往半年，双方家庭开始催婚了，小瑶就这样被送进了围城。

婚后，小瑶才发现那个男人根本不是自己想要的，没有什么共同语言，整天除了回到同一所房子，几乎没什么别的事情。她才意识到自己当初的仓促，但为时已晚，现在也不能着急离婚，因为怕父母担心。

生活中，一些剩女会经历这样的过程：先是反感父母的催婚，后来在家庭的压力之下，她们妥协了，凡事都听父母的，让父母一手去安排，父母觉得合适的，她也不说话了。最后，按照父母的眼光，找了一个各方面都“合适”的男人把自己嫁了，结婚之后才发现自己的幸福已经被毁了，但为时已晚。

在父母的压力下，剩女们也要积极参加社交活动，创造与异性沟通的机会。剩女们可以利用自己的业余时间学习烹饪、化妆技巧，去健身房练习瑜伽和交际舞，参加单身派对等活动，这样不仅丰富了自己的业余生活，也增加了认识和了解异性朋友的机会，这比起父母安排的相亲、亲朋好友的介绍而言更合适，从中去选择自己的另一半，建立在这种深入了解基础上的婚姻会更稳固。

父母与女儿在婚姻大事上通常不能达成统一的意见，父母看重男人的工作是否稳定、工资是否高、家境是否好，而女儿则看重男人的品行、性格、为人处世等方面。对于这样的分歧，女儿需要与父母好好沟通，尽量达成统一的意见，女儿需要让父母明白："婚姻生活是两个人过日子，它所需要的是内在条件，而不是外在硬件。"

启示

当遇到与父母意见不同的时候，一方面可以说服父母，另一方面也可以适当听从父母的建议，毕竟父母也是为了女儿的幸福着想。其实，越是剩女，越需要扛住家里的压力，毕竟，结婚是人生大事，不能仓促进行，而是需要选择一个合适的男人。

第11章
努力到可以跟别人拼天赋

有人说："天赋决定了你的上限，努力决定了你的下限。但很多人根本就没有努力到可以拼搏天赋，就已经放弃了。"现实生活中，大多数人之所以不愿意也不想相信努力，是因为他们完全不清楚，自己的努力程度还轮不到拼天赋。

拣对成功价值最大的事情去做

哲人说，生活中的坎坷多是由自己、由心造就的。你之所以迷茫，甚至跌倒，多是因为你没有看清自己没有清楚地认清自己的实力，选择了一条不适合自己走的路。每天积累一点点，成功就会更快降临。但你要知道，成功的尺度不是做了多少工作，而是做出了怎样的成果。确立目标并坚定地“咬住”目标的人，才是最有力量的人。

目标始终如一的人，能抛除一切杂念，聚积所有的力量，全力以赴向目标挺进。把你需要做的事想象成一大排抽屉中的很多个小抽屉。你每天的工作只是拉开一个小抽屉，令人满意地完成抽屉内的工作，将抽屉推回去。不要总想着所有的抽屉，而要将精力集中于你已经打开的那个抽屉。一旦你把一个抽屉推回去了，就不要再去想它。

一位曾经到阿拉斯加拜访过爱斯基摩人的作家，回来之后向人们讲述了他在那里的一个见闻：

“永远不要问爱斯基摩人他多大了。如果你问的话，他们也会对你说：‘我不知道，我也不在乎。’再追问下去，他们就会说：‘不到一天大！’爱斯基摩人相信，到了晚上入睡的时候，他们就死了。但在第二天的清晨醒来时，他们又重新活过来，获得新生。因此，没有一个爱斯基摩人能活过‘一天’！也因正为如此，每一个爱斯基摩人的面容都不带忧愁和焦虑，他们快快乐乐地过着自己的每一个‘一天’。”

“不到一天大！”——这并不是爱斯基摩人的一句玩笑话，仔细地回味这种“不到一天大”的生命心态与理念，你的心中一定会增添一份深刻的崇敬，甚至还感受到一种莫大的震撼。

给自己一个清晰而合理的目标，在较短的时间内、正常的努力程度下，它是踮脚就能够到的，这样的目标才会对你的人生有推进的作用。而那些看似远大，最终只能当作谈资而束之高阁的理想，对于它的过分追求，会成为一种妄想。

只有每次只面对一天，并且把每一天都当作一辈子来过，我们才会万分珍惜这宝贵的一天的每一分、每一秒时光。把每一天都当作一辈子来过，那么，谁还会有时间去挥霍、去做些无用功呢？

泰德·本杰明曾经在欧洲服役，现在居住在美国马里兰州的巴铁摩尔城纽霍姆路5716号。在战场的那段时间，忧虑曾经一度令他精神崩溃。

当时，泰德在94步兵师担任士官职务，主要是收集和记录作战死亡、失踪以及受伤的士兵名单，同时需要帮助挖掘仓促之中埋葬的盟国及敌国士兵的尸体，将这些人的遗物转交给他们的家属或最亲密的朋友，毕竟这些遗物对他们的亲友来说具有很大的纪念意义。

泰德的工作很烦琐，他总是担心自己出错，造成难堪的后果，所以他每天都在担心。有时候，他甚至会胡思乱想：在这战乱时期，自己是否可以安全度过这段时间，自己是否可以活着回去，家里16个月大的儿子，自己从来没见过，是否可以回去拥抱他呢？泰德又担忧又疲惫，短时间内竟然瘦了整整34磅。心中充满着对未知的恐惧，以至于精神恍惚，差点疯掉。无聊时，他总会呆呆地看着自己只剩皮包骨的双手，想象着自己回家时非常瘦弱的样子，一瞬间陷入一种恐慌之中。泰德的精神彻底崩溃了，他像一个无助的孩子一样哭泣。他感觉自己非常脆弱，一旦只有他一个人待着的时候，他就会伤心得无以复加。在坦克大战开始后不久的一段时间里，泰德经常哭泣，他对生活完全失去了信心。

1945年4月，每天处于焦虑中的泰德最终被医生诊断为患了名为“结肠痉挛”的疾病。这种病会给人带来很大的痛苦，不过病因却是过分忧虑。泰德心想，假如当时战争没有马上结束，他大概会完全崩溃。

最后，泰德住在陆军诊疗站，一位军医给了他改变一生的忠告。当医生给泰德做完全面体检之后，告诉他说：“泰德，你的毛病是在心里，我希望你可以将生活当作一个沙漏，你知道任何人都无法让超过一粒的沙子同时通过瓶颈。在生活中，我们每个人都好像是一个漏斗，每天都有许多事情需要我们尽快去完成，但是我们只能一件一件地完成，假如我们让工作如同沙砾一般均匀地缓缓地通过瓶颈，那整个沙漏是可以正常工作的，我们的生理和心理也是非常健康的。”

每天做好一件事，每天都能做好手边的事，有几个人能够做到？在现实生活中，有些人并不是好高骛远，在生活的重压下，眼前的一点点收获和利益不足以满足他们那颗强烈追求的心。于是，他们的眼光变得很长远，长远到遥不可及但却异常渴望。

不知不觉，高不成低不就成了他们的习惯，在对生活的憧憬中，偶然有一天他们低头会发现，原来自己每一天都荒废了，都在小小的圈子里原地踏步，远走的是心，而不是自己的脚步。

一个人的时间、精力极其有限，想让有限的时间、精力造就人生最大的成功，就必须拣对成功价值最大的事情去做。也就是说，我们每天都要有清晰的目标可以追求，每天做好一件事，这一个月，这一年，我们将会有巨大的成长和收获。

启示

用心把一天中最重要的那件事做好，执着地追求，你就会发现，你所有的行动都会带领你朝着这个目标迈进。在激烈的竞争中，如果你能做好一天中最重要、目标最清楚的事情，成功的机会将大大增加。

保持学习的习惯，才能更骄傲地生活

许多人在即将步入社会或刚刚步入社会的时候，都拥有奋力打拼、成就事业的野心，他们往往觉得自己已经学成出徒了，该是大显身手、建功立业的时候了，他们觉得在学校的时间才是真正学习的时间，走出学校需要的就是拼搏、拼搏、再拼搏。

事实真的是这样吗？就一个普普通通的本科毕业生来说，6年小学、3年初中、3年高中、4年大学，加一起有16年的时间待在学校。那么一个人在学校到底学到了什么东西？你肯定听到过新入职的毕业生说过："学校里学到的知识直接用于工作的部分几乎没有多少。参加工作之后，我才开始真正地学习用以谋生的知识！"

宋朝思想家朱熹说："无一人不学，无一时不学，无一地不学，无一物不学。"这正是终身学习的一种境界。我们常说"活到老，学到老"，在生活和工作中不断地充实自己的头脑，积聚更多更新的知识，在"升级"大脑的同时，增强自身的竞争力，成功和财富就会自然而然地流到你的身边。

在教室里，一群聚集在一起的大四学生正在讨论着即将开始的考试——大学时代最后一科考试。他们脸上充满了自信和愉悦，走出校门的一天终于就要到来了。他们中的有些人已经找到工作，有的即将会得到工作。带着十几年在学校学到的知识，他们相信自己已经准备好去接受社会的挑战。

他们知道这场考试将会是“小菜一碟”，因为教授说过，他们可以带任何书或笔记，只要不交头接耳就可以了。

他们兴冲冲地走进考场，当教授把试卷发下来后他们的笑容更灿烂了，因为只有5道题目。

3个小时过去了，考试就要结束了，教授已经准备收试卷了。此时大家看起来不再那么自信了，他们脸上是一种焦躁不安的表情，没有人说话。教授看着他们问：“完成5道题的有多少人？”没有一个人举手。教授又问：“完成4道的有没有？”还是没人举手。

“3道、2道呢？”学生们此时有些不安了。教授又问：“那做出来一道的总该有吧？”

教室里仍是一片沉默。教授继续说：“这其实正是我期望的结果，我想让你们知道：即使你们已经完成你们在学校的所有学习，但你们不知道的还有很多，仅仅是专业上你们也还有很多不知道的。”教授微笑地对他们补充道：“你们都会通过这次考试，但请大家记住：即使你们已经毕业，你们学习的路程也只是刚刚开始，你们需要用一生去学习！”

对于刚刚步入社会的年轻人来说，行业与职场上的竞争压力日渐增大，一个人要想在社会上更好地生存，在自己的职位上谋求更大的发展，在生活中拥有更高的生活条件，就必须让自己懂得并践行终身学习的道理。

被称为“台湾芯片之父”的张仲谋曾说：“当我回顾这几十年的工作生涯，我发现只有在工作前5年，用得到过去在大学、研究院所学的20%～30%的知识，之后的工作生涯，直接用到的部分几乎等于零。”

苏格拉底曾说：“世上只有一样东西是珍宝，那就是知识；世上只有一样东西是罪恶，那就是无知。”由此可见，终身学习，不断获得新知的重要性和必要性。“我们今天知道的东西到明天就会过时。如果我们停止学习，就会停滞不前。”多萝西·比琳顿的这句话，再一次强调了终身学习与自我进步是相辅相成的关系。

启示

“逆水行舟，不进则退”的道理听起来很浅显，但做起来实属不易。终身学习就是要随时保持高涨的求知热情，以谦虚的心态观察周围的事物和人，见贤思齐，学习他人的优点，掌握更精深的专业技能。如果你认为自己已经学会一切，并不准备继续学习了，那么在你做出这个决定的那一刻就是你的竞争对手开始超越你的时刻。只有准备用一生去学习并付诸行动的人才会获得更长久的发展！

奋斗者的成功是主动创造机会

俗话说："美玉藏于深山，人不知其美；黄金埋于地下，人不知其贵。"一个优秀的人，如果只是深藏不露，而不能表现自己，人们就不能看到他存在的价值。这样下去，即使他有绝世的才华，也渐渐会被埋没。现在是一个讲究张扬自己个性的时代，尤其是身处职场上的人们，在关键时刻恰当地张扬也就是"秀"一下自己，不失为一个引起别人注意的好方法。天上不会掉馅饼，机会是要靠创造的。相信自己，相信自己的能力，相信自己的才华，而且勇敢地在别人面前表达出来，你就会接近成功。

有很多的人在苦苦等待机会降临在自己的身上，殊不知，一味地等待机会的降临是一种多么无知而可笑的想法。就像成功学大师卡耐基所说："没有机会，这是失败者的推诿，许多奋斗者的成功，都是他们用自己的能力去创造机会的。"

原微软（中国）有限公司总经理吴士宏，在1985年离开了原来毫无生气甚至满足不了温饱的护士岗位，她鼓足勇气，走进世界最大的信息产业公司——IBM公司的北京办事处。面试像一面筛子。两轮的笔试和一次口试，她都顺利地滤过了严密的网眼。最后主考官问她会不会打字，她条件反射地说：会！

“那么你一分钟能打多少？”

“您的要求是多少？”

主考官说了一个标准，吴士宏马上承诺说她可以。因为她环视四周，发觉考场里没有一台打字机，果然，主考官说下次录取时再加试打字。

实际上吴士宏从未摸过打字机。面试结束，她飞也似的跑回去，向亲友借了170元买了一台打字机，没日没夜地敲打了一星期，双手疲乏得连吃饭都拿不住筷子。她竟奇迹般地敲出了专业打字员的水平，以后好几个月她才还清了这笔数目不小的债务，而IBM公司却一直没有考她的打字功力。吴士宏就这样成了这家世界著名企业的一个最普通的员工。

任何人的成功都是来自自己自觉自愿地去寻找机会、发挥创造力。那些甘于沉沦和平庸的人最终会沉沦和平庸下去，而那些主动执行、善于创造机会的人，则从最平淡无奇的生活中找到一丝微弱的机会，他们用自身的行动改变了他们的处境。

一位刚毕业的女大学生到一家公司应聘财务会计工作，

笔试时即遭到拒绝，因为她太年轻。女大学生却没有气馁，一再坚持。她对主考官说："请再给我一次机会，让我参加完笔试。"主考官拗不过她，答应了她的请求。结果，她通过了笔试，由人事经理亲自复试。

人事经理对这位女大学生颇有好感，因为她的笔试成绩最好。但是女孩的话让经理有些失望，她说自己没工作过，唯一的经验是在学校掌管过学生会财务。他们不愿找一个没有工作经验的人，人事经理只好敷衍道："今天就到这里，如有消息我会打电话通知你。"

女孩从座位上站起来，向人事经理点点头，从口袋里掏出一美元双手递给人事经理："不管是否录取，请都给我打个电话。"人事经理从未见过这种情况，竟一下子呆住了。不过他很快回过神来，问："你怎么知道我不给没有录用的人打电话？"

"您刚才说有消息就打，那言下之意就是没录取就不打了。"人事经理对这个年轻女孩产生了浓厚的兴趣，问："如果你没被录用，你想知道些什么呢？"

"在什么地方不能达到你们的要求，我在哪方面不够好，我好改进。"说完，女孩微笑着解释道，"给没有被录用的人打电话不是公司的正常开支，所以由我付电话费，请你一定打。"

人事经理马上微笑着说："请你把这一美元收回。我不会打电话了，我现在就正式通知你，你被录用了。"就这样，女孩用一美元敲开了机遇大门。

其实道理很清楚：一开始便被拒绝，女孩仍要求参加笔试，说明她有坚毅的品格；她能坦言自己没有工作经验，显示了一种诚信，即使不被录取，也希望能得到别人的评价，说明她有直面不足的勇气和敢于承担责任的上进心；女孩自掏电话费，说明了她的思维的灵活性，她巧妙地展示了自己公私分明的良好品德，这更是财务工作不可或缺的。

在人生的旅途中，每个人都会遇到很多成功的机会。在机会面前每个人的态度是不相同的。有的人把握住机会，努力发展；有的人和机会擦肩而过，视而不见；有的人寻求机会，捕捉超越的空间；有的人不思进取，坐等机会的到来。我们应以积极的态度，捕捉机会，把握机遇，为自己寻找一片翱翔的艳阳天。

启示

一个人要想有所成就，就不要奢望别人主动地来关注自己，而是要积极主动地把自己的才干展示给别人看。一次不行，就多表现几次，在一个地方表现无效，就在多个地方进行表现。表现多了，被发现、赏识的可能性就会增大。把自己的美展示给别人，从而赢得机遇的青睐，仅仅需要一些勇气。

多为成功找方法，别为失败找理由

很多人在生活和工作中习惯于将一些借口挂在嘴边，以掩饰自己的懒惰、平庸、无能。就如小时候，每当我们不小心摔倒后，第一个念头就是找找看是什么东西绊了脚，尽管那样做对于疼痛的减轻并没有直接效果，这也不是自己跌倒的直接原因，但能找到一个可以责怪的对象多少算是一种安慰，可以证明自己没有责任。

多年以后，当我们肩上的担子更加沉重，当挫折接二连三出现时，我们也总是不自觉地会找出许多客观原因来开脱自己，实在找不到原因时就说自己的命不好。这样开脱自己其实是一种绝对的幼稚，因为我们总在想方设法地一次又一次欺骗自己。仔细想想，为什么你收获很少，至今仍没有按照自己的意愿生活呢？是否因为你总是习惯于失败、有借口地去失败，而缺少寻找方法、开拓思路的勇气呢？

张三和李四同时受雇于一家店铺，拿同样的薪水。但一段时间过去了，张三青云直上，李四却原地踏步。李四想不通，老板为什么会如此厚此薄彼？

有一天，老板对李四说：“你现在到集市上去看一下，看看今天早上有卖土豆的吗？”不一会儿，李四回来了，向老板汇报说：“只有一个农民拉了一车土豆在卖。”老板又问：

“有多少？”李四回答不上来，于是，赶紧又跑到集上，回来告诉老板：“一共40袋土豆。”老板继续问道：“价格呢？”李四委屈地回答：“您没有让我打听价格。”

这时，老板把张三叫来，说道：“张三，你现在到集市上去看一下，看看今天早上有卖土豆的吗？”张三很快就从集市回来了，他向老板汇报说：“今天集市上只有一个农民卖土豆，一共40袋，价格是两毛五分钱一斤。我看了一下，这些土豆的质量很不错，价格也很便宜，于是顺便带回来一个让您看看。”张三一边从提包里拿出土豆，一边说：“我想这么便宜的土豆一定可以挣钱，根据我们以往的销量，40袋土豆在一个星期左右就能全部卖掉。而且，咱们全部买下来的话价钱还可以适当优惠。所以，我把那个农民也带来了，他现在正在外面等着您回话呢。”

这时，我们都明白了为什么张三和李四有如此不同的待遇。李四只懂得蛮干，结果，却是吃力不讨好。但是，聪明的张三却很懂得调整做事的方法，他更擅长观察、思考和总结，结果，三两下就把事情做完了，而且完成得很好。

“方法总比问题多”，在遇到困难时，智者通常会这样鼓励自己，他们对拥有种种借口的愚者往往嗤之以鼻。不会思考、只会退缩的人，注定难能成大事。人在社会上打拼，做任何事情，都不能拖拖拉拉，总有借口，一定要看清摆在自己面前的各种利弊，学会变化角度，从最有利于自己的地方开始突破，这样就有助于把事情办成。

1971年，徐明出生于辽宁庄河，是一个典型的东北人，身上天生有一种桀骜不驯的因子。从沈阳航空航天大学毕业后，徐明被分配到大连庄河县的经贸委工作。两年后，徐明再也受不了这种只是混日子的平庸生活，一种信念告诉他，他不能再这样碌碌无为下去。毅然辞掉公职后，豪气满怀的徐明便单枪匹马地来到车水马龙的大连。

当踏进生活快节奏的大连时，高度敏感的徐明便发现自己并不占有什么优势，只不过是沧海一粟而已。但对于勇于接受挑战的人，机会总是有的。两年的平凡工作使得徐明对国家的贸易政策烂熟于心，并发现了一个发财致富的大好商机，那就是在对虾出口需要许可证的年代，却没有对熟虾出口实行许可证的规定。无疑，这是一个可遇而不可求的机会。当徐明将这个重大发现告诉一个从事对虾出口的外商时，外商在感激不已的同时，极力劝说刚刚辞职下海的徐明一同来做。1992年，徐明开始从事卖虾的生意。在买入一吨虾需7万元左右，卖出却高达37万元的市场行情下，刚下海不久的徐明便在眨眼般的工夫中，轻而易举地从一个毫无资产可言的普通人一举变为拥有千万资产的大亨。也就在这一买一卖中，刚20岁出头的徐明便赚了3000万元，为自己掘到了人生的第一桶金。

世界著名的成功学大师拿破仑·希尔曾著过《思考致富》一书。为什么是“思考”致富，而不是“努力工作”致富？希尔强调，最努力工作的人最终绝不会富有。

如果你想变富，你需要“思考”，独立思考而不是盲从他人。成功者最大的一项资产就是他们的思考方式与别人不同，他们做事时拥有更多的更为合理的方法。

启示

某些人看到别人做出不凡的成就时，往往会认为他们是起点高或者天生运气好，却很少会想到是那些人善用脑力的结果。善于思考的人善于改变，思考对于行动，是“磨刀不误砍柴工”，将自己的现状、前景和方向分析得很透彻的人，远远胜于所有盲目的奔波。

立足自身优势，实现自我发展

从前，在美国有个相貌极丑的人，走在街上行人都要对他多看一眼。他从不修饰，到死都不在乎衣着。窄窄的黑裤子，伞套似的上衣，加上高顶窄边的大礼帽，仿佛要故意衬托出他那瘦长条似的个子。他走路姿势难看，双手晃来荡去。

他是个出身小地方的人，直到临终，甚至已经身任高职，举止仍是山间野夫的样子，仍然不穿外衣就去开门，不戴手套就去歌剧院，讲不得体的笑话，往往在公众场合忽然忧郁起来，不言不语。无论在什么地方——法院、讲坛、国会、农庄，甚至于他自己家里，他处处都显得难以相容。

他不但出身贫贱，而且身世蒙羞，他是个私生子，他一生都对这个出身非常敏感。

没人出身比他更低，但却没人比他升得更高。

他就是后来的美国大总统——林肯。

一个人有这么多的弱点而不去弥补，他怎么取得非凡的成就呢?

对于林肯来说，他并不是用每一个长处抵每一个短处来求补偿，而是凭借伟大的睿智与情操，使自己凌驾于一切短处之上，置身于更高的境界。他只在一个方面，就是教育方面，直接弥补了自己的不足。他拼命自修来克服早期的障碍。他在烛光、灯光和火光前读书，读得眼球在眼眶里越陷越深。他填写国会议员履历，在“教育”这个项目下填的是“有缺点”。

《圣经》中有个关于才能的故事，大意是说上帝曾经分别给了3个人几种才能，不过第一个人只有1种才能，第二个人有3种，第三个人有5种。一段时间之后，上帝突然问起他们在此期间都做了些什么事情。第三个人回答说：“我利用5种才能努力工作，结果却因此具备了10种才能。”上帝听完之后，很高兴地夸奖他：“你做得很好！由于你善于利用才能，因此我将赋予你更多的才能。”

第二个人也同样地增加了自己的才能，但是第一个人却抱怨说："主啊！你给了别人很多才能，却只给我一种，真是不公平啊！我知道你是既严厉又残忍的主，所以我把你给我的才能埋葬了。"上帝闻言后，很生气地说："你真是又懒又坏！"随后便取走了他的才能，转而恩赐给其他两人。

给自己的人生搭建舞台

很多时候，人在成功路上的最大障碍恰恰就是自己。因而，你应该努力学会清除前进路上的荆棘。自私自利、贪图安逸、傲慢无礼等都是阻止自己前进脚步的障碍；怯懦、怀疑和恐惧则是自己最大的敌人。所以，你要时时警惕自己身上的弱点，拥有征服自己的勇气，就会征服一切困难。

人生最强大的敌人就是自己，最大的挑战就是挑战自我。自信方能自强。只有自信，才能做到知难而进，才能有临渊不惊、临危不惧的英雄本色。很难相信一个连自己都不敢肯定的人能够得到别人的认可，只有真的相信自己，才能够得到别人的信任，也才能够创造出自己事业上的奇迹。

尼克松是大家都极为熟悉的美国总统，但就是这样一个大人物，却因为一个缺乏自信的错误而毁掉了自己的政治前程。

1972年，尼克松竞选连任。由于他在第一任期内政绩斐然，所以大多数政治评论家都预测尼克松将以绝对优势获得胜利。然而，尼克松本人却很不自信，他走不出过去几次失败的心理阴影，极度担心再次失败。在这种潜意识的驱使下，他鬼使神差地干出了后悔终生的蠢事。他指派手下的人潜入竞选对手总部所在的水门饭店，在对手的办公室里安装了窃听器。事发之后，他又连连阻止调查，推卸责任，在选举胜利后不久便被迫辞职。本来稳操胜券的尼克松，因缺乏自信而导致惨败。

生活绝不会怜惜失败者，在挫折面前，勇者进懦者退。人生的成功属于失败中坚持崇高理想的强者。自信的树立与巩固，与人生的不断收获是分不开的。

自信不是天生的，也不是想达到什么程度就能达到什么程度。当人们在具体的职业上，经过不断的学习，增添了新的智能并在实践中加以良好的运用，而不断取得新的成效，有所进步、有所发展时，自信心就会不断地提升，长此以往，便形成一种自觉的心理态势，达到“自信人生二百年，会当水击三千里”的境界。

培根曾说过：“人人都可以成为自己命运的建筑师。”当我们面对前进路上的荆棘，不要畏缩，因为通往云端的路只会亲吻攀登者的足迹；当我们面对人生路上的挫折，不要灰心，因为试飞的雏鹰也许会摔下100次，但肯定会在第101次试飞时冲入蓝天。

失败是人生的熔炉，它可以把人烤死，也可以把人变得坚强自信。这就要看你面对失败的心态是否乐观。若是你不战自败，那你就彻底陷入失败的沼泽中了。此时，你输给的不是别人，而是自己。

疯狂英语的创始人李阳，他的英语不是说出来的，而是喊出来的。李阳在读大学时，英语成绩一塌糊涂，尤其是听力和口语。一次，李阳被老师叫起来回答一个简单的问题，李阳知道这个问题的答案，可就是说不出来。于是他对老师说："我可以写在纸上再给你看吗？"同学们都哄堂大笑。老师生气地说："这么简单的句子都说不出来，你还是大学生吗？"接着老师又转过身去对同学们说："如果你们不好好学习口语，就像李阳这样。""就像李阳这样"，这句话深深地伤害了他。从那时起，他就下定决心，非把口语练好不可！

于是，他想到了一个办法，开始练习英语口语。他每天早晨坚持到学校后面的小山上去练习口语，练习的时候，不是说，而是大声地喊出来，更让人不可思议的是，他的嘴里竟然含着石头。李阳认为，口语不好，主要是两个原因：一是胆子小，不敢说；二是发音不准，说出来别人也听不清楚。喊英语，能练胆子；含石子，能练发音。就这样，李阳坚持不懈地练他的口语，风雨无阻。遇见熟人，也不怕别人耻笑，即使别人骂他疯子，他也不在乎。

功夫不负有心人，奇迹出现了，3个月后，李阳不仅能流利地回答出英语老师的问题，甚至还为老师纠正部分错误的发音。时至今天，“李阳疯狂英语”成了英语学习产品当中响亮的一块牌子。

命运往往就是这么奇怪，它在赐予一个人成功之前，大都要设置下一道道屏障，来考验这个人的毅力与勇气。因此，那些怯懦者，只能在失望和抱怨之中走过一生。只有那些知难而进、勇于跟厄运搏击的人，才能最终品尝到命运之神的精美馈赠。

在通向成功的人生征途中，必定会荆棘丛生、困难重重。当你走在这条征途上时，是否会因为遇到困难而畏缩不前？是否会因为遇到挫折而自暴自弃？成功始于自信，这个道理人人皆知，但并非人人都能做到。试问：当艰巨的任务摆在你面前时，你能够充满信心地勇敢上前吗？

启示

我们生活在竞争如此激烈的社会中，与天斗，与人斗，每个人都想要获取胜利、出人头地。但是，经过多少次的失败，我们才真正地明白，那个最终使我们受伤的强大的敌人，深深地隐藏在我们自己的心中，这个世界上真正能够打败你的人，唯有你自己。在人的一生中想得最多的是战胜别人、超越别人，凡事都要比别人强。其实不然，人一生中面临的最大困难和敌人就是自己。战胜了自己，你将战胜一切！

参考文献

[1]李尚龙.你的努力，要配得上你的野心[M]．北京：北京联合出版有限公司，2018.

[2]琴台.越努力，越幸运[M]．北京：中国铁道出版社，2018.

[3]一颗丸子.你不努力，谁也给不了你想要的生活[M]．北京：中国致公出版社，2017.

[4]沐丞.努力，是为了可以选择[M]．北京：民主与建设出版社，2017.